ROBOT OU HABITAT BIOLOGIQUE ?

Nomino ergo sum

« Je nomme donc je suis »

Dirigée par Alain Coïaniz et Marcienne Martin

La collection « Nomino ergo sum » est dédiée aux études lexico-sémantiques et onomastiques, sans exclure, de manière plus large, celles qui prennent comme objet le fonctionnement et la construction de la signification, aux plans discursif, interactionnel et cognitif.

Tous les champs de l'humain sont concernés : histoire, géographie, droit, économie, arts, psychologie, sociolinguistique, mathématiques... pour autant que l'articulation épistémologique se fasse autour des lignes de force de l'intelligibilisation linguistique du monde.

Marcienne Martin

Robot ou habitat biologique ?

Qui, ou que sommes-nous ?

L'Harmattan

5-7, rue de l'École-Polytechnique ; 75005 Paris

http://www.editions-harmattan.fr/

ISBN : 978-2-343-21970-7
EAN : 9782343219707

L'homme pensé

Vent solaire et feu glissant,
Découvrant les lignes étranges
Du filet métamorphique,
Vous fûtes homme pensé
À travers la ligne du temps
Et les pierres de l'univers.

De la cellule émergente
À la raison déclinée en conscience,
La pensée devint homme,
Et l'homme,
Pensée du futur.

Marcienne Martin

Marelle lunaire

Recueil de poésie (2018 : 57)

SOMMAIRE

TROISIÈME APPROCHE

INTRODUCTION GÉNÉRALE

S'interroger sur le sens et la nature de l'univers et du monde du vivant fait appel à l'ensemble des champs de recherche existant. Si les réponses à ces interrogations métaphysiques n'ont pas été apportées *in stricto sensu*, son décryptage est actualisé en permanence avec les différentes découvertes qui transforment peu à peu le regard que l'homme porte sur son environnement. Nous référons ici à la conscience de l'humain, intégrée dans le monde du Réel, et vécue comme telle et non à la conscience dont le filtre normatif, né de croyances diverses, en soustrait les avancées scientifiques les plus récentes.

Se questionner sur le sens de la vie avec, en miroir, celui de la mort est en résonance avec l'observation et la compréhension du fonctionnement des unités du vivant dont les différentes espèces, dans le cadre du monde animal, et les multiples variétés, dans celui du végétal, en sont la représentation matérielle. Et, c'est à partir de l'outil langagier chez l'être humain que ces questionnements ont pris naissance.

Si le facteur temps, à travers son déroulement, est à l'origine de l'entropie (désorganisation) et de la néguentropie (organisation), les structures de base des objets du Réel sont en relation avec une programmation prenant sa source à partir des différents atomes les composant. Dans le cadre du monde du vivant, le code ADN[1], composé de quatre bases : A = adénine, G = guanine, C = cytosine, T = thymine, renvoie également à sa planification. L'organisation de ce système quaternaire fait écho au système binaire utilisé en informatique, dont la réinscription sous forme d'algorithmes est à l'origine des différents programmes informatiques existants.

C'est à partir de la mise en relation système binaire/système quaternaire que cet ouvrage a pris naissance avec, en interrogation, toute unité du vivant n'est-elle que le résultat d'une programmation donnée ? Qu'en est-il alors de l'être humain ? Robot participant du monde du vivant ou conscience inscrite dans un habitat biologique ? Le langage qui nous est spécifique, ne nous permettrait-il pas de décoder des formes de réalité existantes, mais qui ne nous sont pas accessibles directement ?

Dans cette étude, différentes approches de la compréhension que l'*Homo sapiens* a de l'univers seront faites. La première approche sera articulée autour du langage comme outil de repérage avec, en parallèle, la mise en exergue de la prise de conscience, ou conscientisation, qui ouvre sur la mise en place de structures informationnelles permettant aux champs de la science de décrypter l'univers duquel nous faisons partie, mais qui nous intègre également.

---

[1] http://www.futura-sciences.com/magazines/sante/infos/dico/d/genetique-base-azotee-308/ - Page consultée le 13 avril 2016.

Le transfert d'informations participe de l'ensemble des objets de l'univers[2], ceci à la fois sous une forme de programmation inscrite en amont et permettant des échanges prédéterminés entre tel objet A et tel objet B – il en est ainsi de la reproduction génétique où le mariage entre espèces différentes ne peut se réaliser –, mais aussi en faisant appel à la poïèse (créativité) qui ouvre sur une réorganisation des objets du monde de manière originale ; l'art et la recherche en sont une des manifestations. Par ailleurs, les avancées en matière de génétique nous ont permis de décoder une grande partie de ses structures et de les réécrire sous une forme autre. Ces modifications renvoient à la coalescence[3]; il en est ainsi des ligrons[4] (tigres-lions), léopons[5], etc. ; il s'agit de la mutagenèse qui peut être naturelle ou artificielle. Ce qui fait écho, indirectement, à la modification de programmes informatiques dont la résultante différera.

Chez l'être humain, le langage est porteur de multiples possibilités de traduction de la réalité ; ainsi, l'observation liée à l'analyse de tel objet/évènement particulier va ouvrir sur de nouvelles avancées scientifiques, mais s'agissant d'une interprétation, l'inscription dudit objet/évènement inconnu et non décryptable pourra intégrer différents systèmes de croyances : le dieu de la foudre l'illustre parfaitement dans les différentes mythologies des Grecs aux Hindous en passant par les Chinois et les Mayas. Il en est ainsi des divinités appelées Zeus (mythologie grecque), Thor (mythologie nordique), Indra (mythologie de l'Inde ancienne), Chac (Amérique précolombienne), Tlaloc (dieu aztèque). L'inventeur du paratonnerre, Benjamin Franklin[6], participe, dans les années 1750, à des recherches sur un phénomène visible, mais non décodé : l'électricité. Avec la mise en relation des éclairs émis lors des orages avec les arcs électriques à petite échelle, il a alors pris conscience qu'il s'agissait d'arcs électriques à grande échelle. Cette procédure relève d'une approche de type scalaire, ce qui correspond, dans ce contexte, à la perception de deux objets situés à des échelles différentes, mais fonctionnant de manière similaire.

Si l'observation d'un environnement donné peut faire l'objet d'une description et d'une analyse, les ressentis émotionnels, appelés aussi

---

[2] Dans le cadre de cette étude, l'unité lexicale : « objet » représente une unité des objets participants de l'univers, qu'ils soient animés ou inanimés.

[3] Réunion d'éléments voisins — http://www.cnrtl.fr/definition/coalescence — page consultée le 14 février 2014.

[4] Le ligre ou ligron est un félin hybride né de l'union d'une tigresse et d'un lion mâle. http://fr.wikipedia.org/ —
Page consultée le 14 février 20014.

[5] Le léopon est un félin hybride, produit du croisement entre un léopard mâle et une lionne. *Ibid.*

[6] http://www.futura-sciences.com/sciences/personnalites/matiere-benjamin-franklin–217/

« qualia[7] », ne peuvent être transcrits directement par le biais du langage. Des figures de style ou tropes en permettent une forme de traduction au sein de laquelle le sens caché peut être mis à jour. Le langage peut aussi servir à la traduction de la perception indirecte des objets du monde : l'intuition liée à la prise de conscience en est une approche qui a ouvert sur des découvertes majeures comme celle réalisée par le mathématicien grec Archimède :

> Tout corps plongé dans un fluide au repos, entièrement mouillé par celui-ci ou traversant sa surface libre, subit une force verticale, dirigée de bas en haut et opposée au poids du volume de fluide déplacé ; cette force est appelée 'poussée d'Archimède'[8].

Ainsi que la légende le dit, ce savant cria : « Eurêka » (J'ai trouvé), lorsqu'il prit conscience du lien existant entre la force verticale et le poids du volume du fluide déplacé.

En relation avec le langage, la conscientisation ouvre sur une approche plus sophistiquée de la compréhension des objets du monde. En quelque sorte, elle sert d'interface entre l'existant, sa visualisation et le décodage auquel nous procédons.

Parce que l'interrogation permet de s'excentrer de la réalité, elle permet également d'en avoir une vision plus globale, ce qui renvoie à la notion d'approche scalaire des objets du monde, étude qui intégrera la deuxième partie de l'ouvrage. Exemplifions avec le végétal qui correspond à la définition suivante[9] :

> Organisme vivant qui végète, présentant un thalle ou un ensemble de racines, tiges, feuilles, fleurs (avec port arborescent, buissonnant, herbacé ou rampant), formé de cellules à paroi cellulosique, capable d'élaborer ses matières organiques (notamment par photosynthèse chez les espèces vertes) à partir des éléments minéraux et gazeux de l'environnement ou vivant en symbiose, en parasitisme avec d'autres espèces, caractérisé par une mobilité et une sensibilité relativement faibles, se reproduisant par voie sexuée ou végétative.

---

[7] « Au sens général, un quale est une qualité sensible présentée par une chose dans un contexte d'observation déterminé » in Jérôme Dokic & Paul Égré, « L'identité des qualia et le critère de Goodman »
http://j.dokic.free.fr/philo/pdfs/goodman_de1.pdf —

[8] https://www.futura-sciences.com/sciences/definitions/physique-poussee-archimede-8127/ – page consultée le 24 mars 2019.

[9] http://www.cnrtl.fr/lexicographie/v%C3%A9g%C3%A9tal – page consultée le 11 avril 2016.

Considérons le rosier, arbrisseau appartenant à la famille des *Rosaceae*, composé de différents organes comme son calice ovale ou arrondi, une corolle de cinq pétales, de nombreuses étamines, de feuilles et d'épines, et qui draine également un liquide appelé « sève ».

Exercer une approche scalaire de ce végétal sera fort différent suivant les niveaux d'observation ; à T0, il sera vu le végétal dans son expression matérielle usuelle, à T-100, ce seront les cellules végétales le composant qui deviendront l'objet observé. Si aucun lien conscient ne relie ces deux expériences, elles seront vécues comme non reliées. À partir de cette digression, si nous posons l'hypothèse que tout est relié, le décryptage, quant à lui, en est fort complexe puisque, pour infirmer ou confirmer ladite hypothèse, il faudra utiliser différentes approches scalaires de l'objet étudié, approches, parfois, très éloignées, et ne semblant avoir aucun lien entre elles.

Grâce aux technologies de plus en plus pointues mises en place dans nos sociétés modernes, les microstructures et les macrostructures de l'univers sont en cours de décryptage et, ceci, avec une précision qui va bien au-delà de la perception que nos capteurs sensoriels en ont. Entre le premier microscope qui fut inventé, il semblerait, « par Zacharias Janssen, un opticien hollandais, en 1595[10] », puis le premier télescope, construit en 1668 par Isaac Newton[11], la perception de notre univers a changé totalement d'échelle. Ainsi modifier le niveau scalaire de l'observation a ouvert sur la conscientisation de l'existence d'un substrat réticulaire sous-tendant l'ensemble de la matière : molécules, photons, ondes gravitationnelles…, le tout étant relié, mais différencié dans sa réalisation.

Il y sera abordé également la notion de réseau dans le cadre d'une approche appliquée aux objets du monde au niveau de leur représentation à des échelles différentes, voire fort éloignées. Cette structure organisationnelle est composée de nœuds et de liens. Le nœud est, en quelque sorte, l'assise où sont stockées les informations et les liens leur servent de transmetteur. L'activation de ce phénomène est très variée : neurones liés aux synapses, code génétique, structure groupale inscrite dans le paradigme de la société civile, mais aussi dans celui de la société virtuelle…

Nous tenterons de faire l'analyse de ces organisations et de montrer que le fonctionnement du soubassement réticulaire est semblable pour l'ensemble.

Avec le langage, des transferts lexico-sémantiques des instincts inscrits dans notre cerveau ont été opérés, à partir desquels ont pris naissance des reconfigurations comme celle de la structure groupale, que ce soit sur un plan

---

[10] http://www.futura-sciences.com/magazines/high-tech/infos/dico/d/technologie-microscope-11130/ - Page consultée le 13 avril 2016.

[11] http://www.universalis.fr/encyclopedie/telescope-de-newton/ - Page consultée le 13 avril 2016

représentationnel ou symbolique. Il en est ainsi de la métaphore, figure de style les signifiant, comme un « bain de foule », « se fondre, se perdre, disparaître dans », « lutter comme un seul homme », « un corps collectif », « un corps social », « l'homme-masse », « l'inconscient collectif », « une marée humaine » ...

Se démarquer du groupe social peut faire l'objet de rejet – le statut de paria en est une des illustrations –, mais aussi cela peut ouvrir sur la mise en danger de la vie de la personne ou du groupe concernés, notamment, dans le cadre des systèmes totalitaires.

L'individuation est le marqueur qui a permis à l'humanité d'évoluer au niveau de la conscience. Le soubassement grégaire, qu'il soit de type instinctuel ou qu'il relève de la doxa[12] du groupe social, devient alors non signifiant. Qu'ils soient chercheurs ou artistes, leur approche personnelle des objets du monde leur a permis de faire le décodage de certaines formes de la réalité, mais aussi par l'imaginaire inscrit dans le champ de la beauté et du ressenti, d'en modifier la perception et d'ouvrir sur de nouvelles interrogations.

Passer du paradigme de la matière à celui de la conscience renvoie à nombre d'approches tant philosophiques que scientifiques, cependant aucune réponse tangible n'y est encore apportée. La troisième partie de cette étude sera articulée autour de ces différentes interrogations.

Être intégré à la fois dans l'univers, mais être également habité par lui rejoint ce qui est en relation avec la symbiose, soit une forme d'unité existant entre deux objets différents.

L'outil langagier est un mode opératoire qui a permis à l'être humain de pouvoir décrypter son environnement. Si le cerveau reptilien sert à toute unité du vivant au contrôle du fonctionnement de son habitacle biologique, d'autres structures plus élaborées sont en relation avec les niveaux 1 et 2 de la pyramide de Maslow[13] qui font appel aux instincts liés à la survie et à la reproduction. Quant aux capacités cognitives spécifiques à l'*Homo sapiens*, nombre d'études en ont analysé l'origine et leur inscription dans le cerveau : « L'expansion récente du cortex préfrontal, en conjonction avec les

---

[12] Ensemble — plus ou moins homogène — d'opinions confuses, de préjugés populaires, de présuppositions généralement admises et évaluées positivement ou négativement, sur lesquelles se fonde toute forme de communication (*Cf.* http://fr.wikipedia.org/wiki/Doxa) – Page consultée le 27 mars 2019.

[13] « Selon cet auteur, quelle que soit sa culture, une personne puise sa motivation dans cinq besoins qui sont hiérarchisés, chaque besoin non satisfait constituant une source de motivation potentielle ».
https://www.editions-retz.com/actualites/qu-est-ce-que-la-pyramide-de-maslow.html – *Ibid.*

capacités plastiques et associatives accrues du néocortex, semble donc être à l'origine de bien des capacités cognitives typiquement humaines[14] ».

Différentes formes de raisonnement découlent du raisonnement logique, mais ce qui interroge, c'est précisément la conscientisation de l'existant, sa prise de conscience. En effet, si nos percepts nous permettent d'être en relation avec notre environnement avec la vue, l'odorat, le goût, l'ouïe et le toucher, ils ne nous permettent pas pour autant de décoder l'ensemble des structures existantes. Le décodage se fait lorsque la visualisation de tel objet/évènement A avec tel objet/évènement B montre un lien existant.

Si la pensée analogique a permis à l'humain la mise en relation d'objets similaires, pouvant avoir un soubassement commun (arbres à feuilles caduques et arbres à feuilles persistantes), la pensée logique est liée au déroulement évènementiel et à leurs résultats. Ainsi le pollen d'une rose (famille des *Rosaceae*[15]) ne pourra générer une tulipe (famille des *Liliaceae*[16]). Programmation oblige. Nous retrouvons cette procédure inscrite dans la programmation en informatique, procédure similaire qui renvoie, indirectement au biomimétisme[17], lequel correspond au transfert, sous la forme d'artéfacts dans les sociétés humaines, de ce qui existe dans la nature. Il en est ainsi des moyens de transport aérien (avions et autres) qui ont pris leurs assises constructives à partir de l'observation des oiseaux liée à une analyse de leur structure de vol.

Nombre de reproductions de constructions des objets du monde ont été reproduites par l'être humain ainsi que l'illustre un ouvrage dédié au biomimétisme[18] : « Les animaux s'avèrent aussi un modèle utile à imiter pour leur sens du travail en équipe. [...] Comment une nuée d'oiseaux parvient-elle à se déplacer tout en gardant leur cohésion ? » (Introduction : 12). Interrogation qui a permis à l'informaticien Craig Reynolds en 1986 de mettre en relation le déplacement des groupes d'oiseaux en termes assimilables par un ordinateur, ce qui renvoie à la corrélation entre système quaternaire (code génétique) issu du monde du vivant et système binaire (code informatique) créé par l'être humain.

La réalité virtuelle perçue par le biais d'un casque lié à des applications numériques est une approche très particulière de l'observation et qui fait écho

---

[14] http://lecerveau.mcgill.ca/flash/a/a_05/a_05_cr/a_05_cr_her/a_05_cr_her.html – *Ibid.*

[15] https://fr.wikipedia.org/wiki/Rosaceae – *Ibid.*

[16] https://fr.wikipedia.org/wiki/Tulipe – *Ibid.*

[17] Démarche d'innovation durable qui consiste à transférer et à adapter à l'espèce humaine les solutions déjà élaborées par la nature (faune, flore, etc.). [La fermeture contact (ou scratch) a été créée par biomimétisme sur le modèle du fruit de la bardane.] https://www.larousse.fr/dictionnaires/francais/biomim%C3%A9tisme/10911021 – *Ibid.*

[18] Mat Fournier & Yannick Fourié (2011). *Quand la nature inspire la science – Histoire des inventions humaines qui imitent les plantes et les animaux*. Éditions Plume de carotte. Toulouse. 155 pages.

au paradigme onirique où la création du rêve prend sa source de la pensée analogique. Si nous comparons les réalités virtuelles numériques et le rêve avec la réalité usuelle perçue par nos cinq sens, nous considérons cette dernière comme bien plus réelle. La création de cet artéfact ne renverrait-elle pas à une forme de réalité existant en amont de la nôtre, réalité non perçue, mais que nous traduirions, indirectement, en utilisant le biomimétisme ?

La conscientisation liée au langage ne serait-elle pas l'outil de décodage de cette réalité programmée, interrogation autour de laquelle l'ensemble de cette étude sera articulé ?

PREMIÈRE APPROCHE

DE LA MICROSTRUCTURE A LA MACROSTRUCTURE

PROMENADE
DANS LE CHAMP
DE TOUTES LES POSSIBILITÉS
À TRAVERS LA CONSCIENTISATION

Introduction

« Chaque soir, ils se tiennent assis face au soleil couchant, portant la main au-dessus des yeux », Picq (2017 : 36) évoquant les babouins hamadryas. Dans le monde du vivant, l'observation est un mode comportemental en relation avec la survie : entre proie et prédateur, le choix instinctuel est prédéterminé, même si l'unité du vivant est inscrite dans les deux rôles.

Observer un objet comme le soleil entre alors en mode interrogatif, sans que le langage, chez les babouins hamadryas, ne soit là pour en structurer l'assise. Qu'en est-il chez l'*Homo sapiens* ?

C'est à partir de l'observation qu'a pris naissance l'expérience du miroir chez les grands primates. Comme le mentionne Chaline : « L'expérience du miroir montre que le chimpanzé, le gorille et l'orang-outan comprennent très rapidement que l'image renvoyée par le miroir est la leur, alors que les autres animaux croient voir un autre animal » (2006 : 97). L'observation inscrite en mode instinctuel renvoie à une programmation liée à la survie de l'unité du vivant. La pensée réflexive y est absente. S'observer dans un miroir et se reconnaître en tant qu'individu est une des premières expériences de la prise de conscience, ce qui renvoie à la réflexion et à l'analyse.

La reconnaissance de soi commence dès la petite enfance. Comme le souligne Wallon :

> Entre l'expérience immédiate et la représentation des choses, il faut nécessairement qu'intervienne une dissociation, qui détache les qualités de l'existence propres à l'objet lui-même des impressions et des actions où il est initialement impliqué, en lui attribuant, entre autres caractères essentiels, ceux de l'extériorité. Il n'y a de représentation possible qu'à ce prix. Celle du corps propre... doit nécessairement répondre à cette condition (1949 : 172).

Chez l'hominidé, cette expérience corrélée au langage est à l'origine de la construction identitaire. Par ailleurs, ce support communicationnel qui lui est spécifique est apparu comme suit :

> Jusqu'à un an et demi, le chimpanzé et l'homme ont le larynx à la même position, mais à la fin de cette période chez l'homme, le larynx descend et accroît le pharynx en lui permettant de jouer le rôle de caisse de résonance autorisant mécaniquement le langage articulé, impossible au chimpanzé (Chaline, 2006 : 284).

Ainsi, du miroir à la parole, ce chemin a ouvert sur la prise de conscience à travers observation et analyse.

1.1. Le miroir langagier de la génétique

Le substrat réticulaire du monde du vivant est articulé autour d'éléments de base qui leur sont communs. Nombre de travaux de biologistes et éthologues ont permis le décryptage du génome du vivant à travers les nucléotides. Ainsi que le mentionne Dawkins[19], biologiste et éthologue, « [...] Les blocs de base ou nucléotides ne sont que de quatre sortes différentes, dont on peut abréger les noms en A, T, C et G. Ce sont les mêmes pour les animaux et les plantes. Ce qui diffère, c'est l'ordre dans lequel ils sont assemblés » (2003 : 42). Ainsi, à partir de leur redistribution, l'unité du vivant, inscrite dans la matière, prend une forme déjà programmée, traduite par la classification phylogénétique à travers la cladistique[20]. Par ailleurs, deux paramètres interviennent dans le cadre de cette écriture programmée ; il s'agit de l'environnement et de la ligne du temps. Dans le premier cas de figure, en fonction d'un environnement donné, il y aura réécriture de certains aspects de l'organisme afin qu'il puisse survivre en synchronie et perdurer à travers sa reproduction génétique en diachronie. Dans le second cas de figure, le temps est en quelque sorte une forme d'énergie ouvrant sur la transformation et l'évolution. Sans ce paramètre, le vivant devient figement.

Comme nous le constatons, le soubassement du monde du vivant est construit à partir du même et, en fonction des facteurs environnementaux et temporels, il va évoluer dans une configuration inscrite dans le différent (figure 1).

---

[19] DAWKINS R., (2003), *Le Gène égoïste*, Paris, Odile Jacob, 200 p.

[20] La cladistique consiste en une méthode de classification des individus et des taxons en fonction de leur parenté - http://www.futura-sciences.com/planete/definitions/classification-vivant-cladistique-14448/ - Page consultée le 24 septembre 2016.

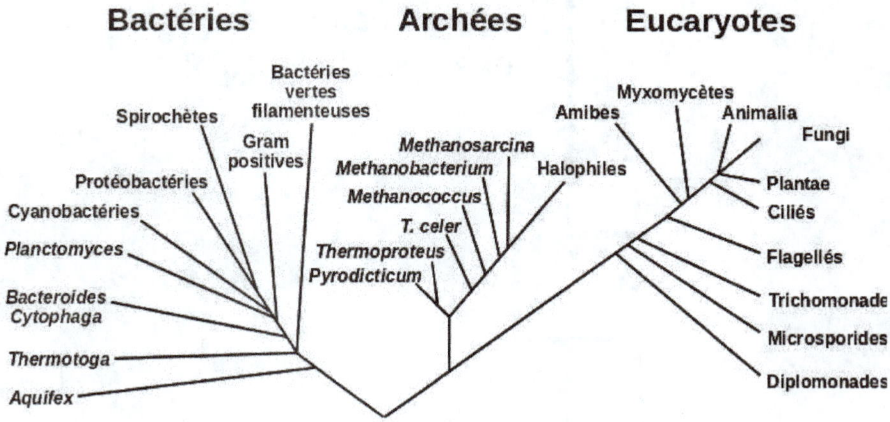

Figure 1 – Arbre phylogénétique hypothétique de tous les organismes vivants. L'arbre est basé sur des séquences de l'ARNr 16S. À l'origine proposé par Carl Woese, il montre l'histoire évolutive des trois domaines du vivant (bactéries, archaea et eucaryotes).
https://commons.wikimedia.org/wiki/File:Phylogenetic_tree-fr.svg – Page consultée le 29 avril 2019[21].

Ainsi l'homme appartient au **règne animal**, à l'**embranchement** des vertébrés, à la **classe** des mammifères, à l'**ordre** des primates, à la **famille** des hominidés et au **genre** *Homo*, dont le seul représentant actuel est l'**espèce** *Homo sapiens* (genre et espèce) (figure 2). Une analyse des différents termes soulignés montre qu'ils se déclinent du général (règne animal), ce qui correspond à l'hyperonyme, vers le spécifique, soit l'hyponyme, qui correspond ici au terme « espèce ».

[21] L'ensemble des figures présentées dans l'ouvrage sont libres de droit ; elles ont été téléchargées à partir du site : https://commons.wikimedia.org/wiki/Main_ qui en autorise l'utilisation.

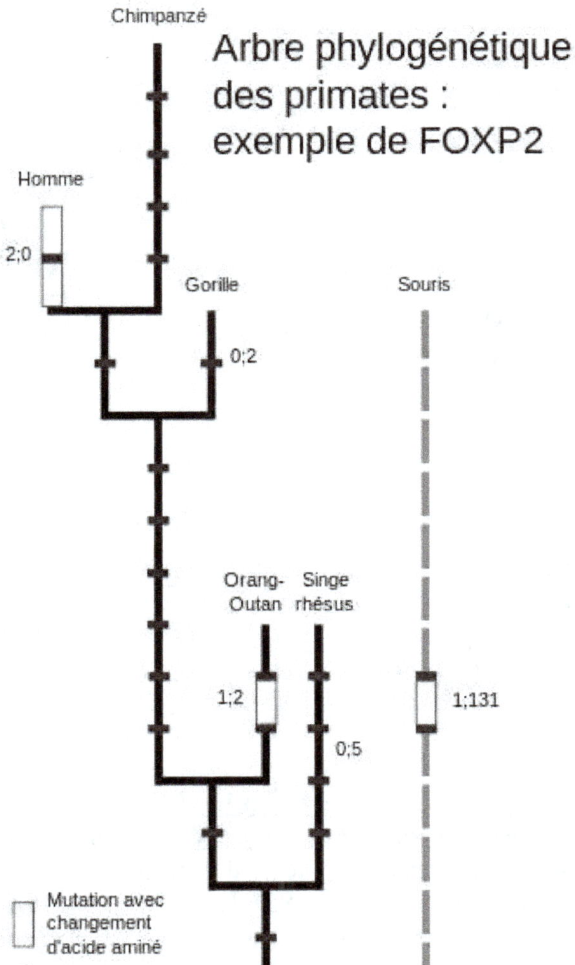

Figure 2 – Arbre phylogénétique des primates, basé sur les résultats de séquençage de FOXP2

Source : https://commons.wikimedia.org/wiki/File:Phylogentic_tree_FOXP2_01-fr.svg – Page consultée le 30 mars 2019.

De l'identique au similaire et au différent est une approche que nous retrouvons dans le cadre de la configuration des atomes. Le tableau périodique des éléments, mis au point par Dimitri Mendeleïev en 1869[22], en est un exemple. Ainsi chaque élément simple ou composé a une identité qui lui est propre.

> Ce tableau regroupe tous les éléments chimiques connus, classés en fonction de leur nombre de protons, ou numéro atomique. Le tableau est nommé tableau périodique (qui revient régulièrement), car on retrouve les éléments avec les mêmes propriétés à des intervalles réguliers (donc en colonne)[23].

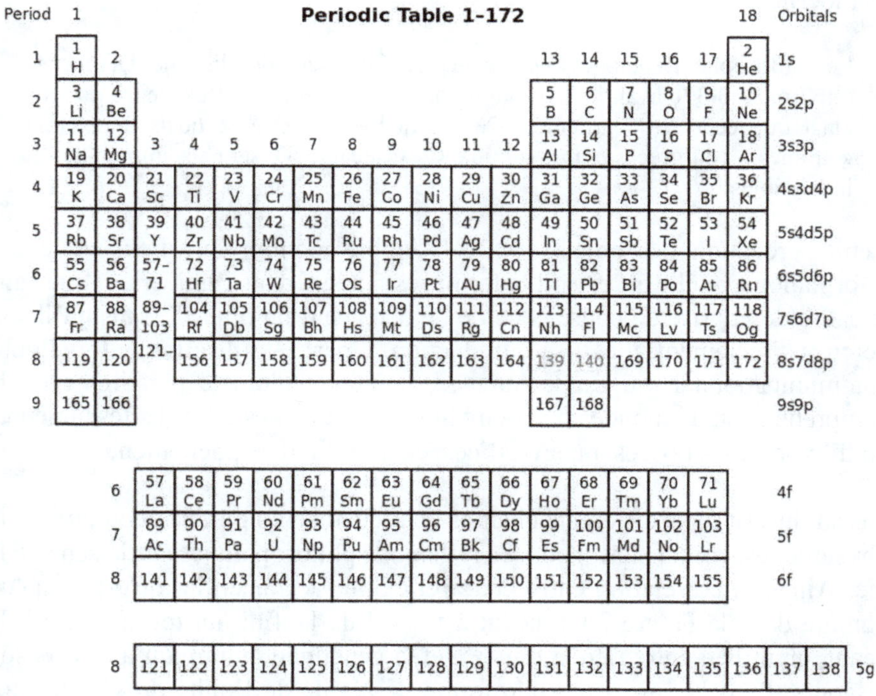

Periodic Table 1-172

Period	1	2	3	4	5	6	7	8	9	10	11	12	13	14	15	16	17	18	Orbitals
1	1 H																	2 He	1s
2	3 Li	4 Be											5 B	6 C	7 N	8 O	9 F	10 Ne	2s2p
3	11 Na	12 Mg											13 Al	14 Si	15 P	16 S	17 Cl	18 Ar	3s3p
4	19 K	20 Ca	21 Sc	22 Ti	23 V	24 Cr	25 Mn	26 Fe	27 Co	28 Ni	29 Cu	30 Zn	31 Ga	32 Ge	33 As	34 Se	35 Br	36 Kr	4s3d4p
5	37 Rb	38 Sr	39 Y	40 Zr	41 Nb	42 Mo	43 Tc	44 Ru	45 Rh	46 Pd	47 Ag	48 Cd	49 In	50 Sn	51 Sb	52 Te	53 I	54 Xe	5s4d5p
6	55 Cs	56 Ba	57-71	72 Hf	73 Ta	74 W	75 Re	76 Os	77 Ir	78 Pt	79 Au	80 Hg	81 Tl	82 Pb	83 Bi	84 Po	85 At	86 Rn	6s5d6p
7	87 Fr	88 Ra	89-103	104 Rf	105 Db	106 Sg	107 Bh	108 Hs	109 Mt	110 Ds	111 Rg	112 Cn	113 Nh	114 Fl	115 Mc	116 Lv	117 Ts	118 Og	7s6d7p
8	119	120	121-	156	157	158	159	160	161	162	163	164	139	140	169	170	171	172	8s7d8p
9	165	166											167	168					9s9p

6	57 La	58 Ce	59 Pr	60 Nd	61 Pm	62 Sm	63 Eu	64 Gd	65 Tb	66 Dy	67 Ho	68 Er	69 Tm	70 Yb	71 Lu	4f
7	89 Ac	90 Th	91 Pa	92 U	93 Np	94 Pu	95 Am	96 Cm	97 Bk	98 Cf	99 Es	100 Fm	101 Md	102 No	103 Lr	5f
8	141	142	143	144	145	146	147	148	149	150	151	152	153	154	155	6f

8	121	122	123	124	125	126	127	128	129	130	131	132	133	134	135	136	137	138	5g

Figure 3 – Tableau de Mendeleïev
Source : This figure reprinted by permission from P. Pyykko, PCCP 2011, 13, 161. @RSC
https://commons.wikimedia.org/wiki/File:PT172C_1.jpg

---

[22] http://www.futura-sciences.com/magazines/matiere/infos/dico/d/chimie-tableau-mendeleiev-4425/ – Page consultée le 19 mars 2019.
[23] *Ibid.*

Le paradigme de l'univers au sein duquel nous sommes imbriqués est composé d'atomes. Cette particule infiniment petite, insécable et homogène, mise en relation avec d'autres éléments de même nature, est à l'origine de la constitution de la matière[24]. En fonction de leur assemblage, elles vont donner la structure finale aux différents champs de la réalité (microcosme et macrocosme).

Étonnamment, c'est à partir de réflexions nées de l'interrogation sur le sens de vie et de notre univers que la notion d'atome est née. Avec les avancées scientifiques actuelles, son décodage en tant qu'unité de base immuable et indivisible correspond à la perception intuitive qu'en ont eue Leucippe et Démocrite :

> Le philosophe Leucippe (Ve siècle av. J.-C.) et son disciple Démocrite (environ 460-370 avant J.-C.) soutinrent alors la théorie de l'existence du vide ainsi que celle des particules. Ces particules d'« être », qu'ils appelèrent « atomes » (du grec *atomos*, signifiant « insécable »), seraient immuables et indivisibles[25].

Cette perception des objets du Réel semble montrer que l'ensemble des informations, quelle qu'en soit la forme, est intégré dans l'univers, et que dans le cadre de la prise de conscience de l'existence d'un objet X, sans qu'il soit perçu directement, et sa traduction, par l'utilisation de l'outil communicationnel qui est le langage, il intègre alors le paradigme de la compréhension du monde chez l'être humain. Certaines découvertes majeures ou d'hypothèses posées, puis vérifiées, exemplifient ce phénomène.

Pascal, inscrit dans différents champs de recherche comme la géométrie et la physique, est connu aussi pour ses réflexions philosophiques sur le sens de la vie. Ainsi, la corrélation entre cette réflexion : « Car enfin, qu'est-ce qu'un homme dans la nature ? Un néant à l'égard de l'infini, un tout à l'égard du néant, un milieu entre rien et tout »[26], et la génétique montre qu'à travers son discours, Pascal avait perçu une forme de réalité de l'unité du vivant, plus spécifiquement de l'humanoïde.

La rencontre entre un spermatozoïde et un ovule montre déjà une disproportion repérée par Pascal dans le cadre de la place de l'humain par rapport à l'univers et aux objets de la nature. Ainsi qu'il a été démontré par Christine Gourier (Laboratoire de physique statistique (ENS/CNRS)) : « Chez l'humain, le trajet qui va du vagin aux trompes de Fallope – où patiente l'ovule – mesure environ 10 à 12 cm de long. Soit 24 000 fois la taille de la tête des

[24] http://www.cnrtl.fr/definition/atome – Page consultée le 19 mars 2019.

[25] https://www.futura-sciences.com/sciences/dossiers/chimie-introduction-chimie-atomes-molecules-fil-histoire-1456/page/6/ – Page consultée le 31 mars 2019.

[26] Blaise PASCAL (1623-1662), *Pensées* (posth. 1669), « Disproportion de l'homme » – *Ibid.*

spermatozoïdes, l'équivalent de... 42 kilomètres pour nous ! [27] ». Le spermatozoïde mesure au maximum 75 µm (75 micromètres). Le micromètre est un sous-multiple du mètre, qui vaut un millionième de mètre, soit un millième de millimètre : 1 µm = 10−6 m = 10−3 mm (0,000 001 m et 0,001 mm). De la microstructure, le vivant passe ainsi à la macrostructure. Nous retrouvons cela à différentes échelles (figure 4). Étrange phénomène qui semble relever de la science-fiction...

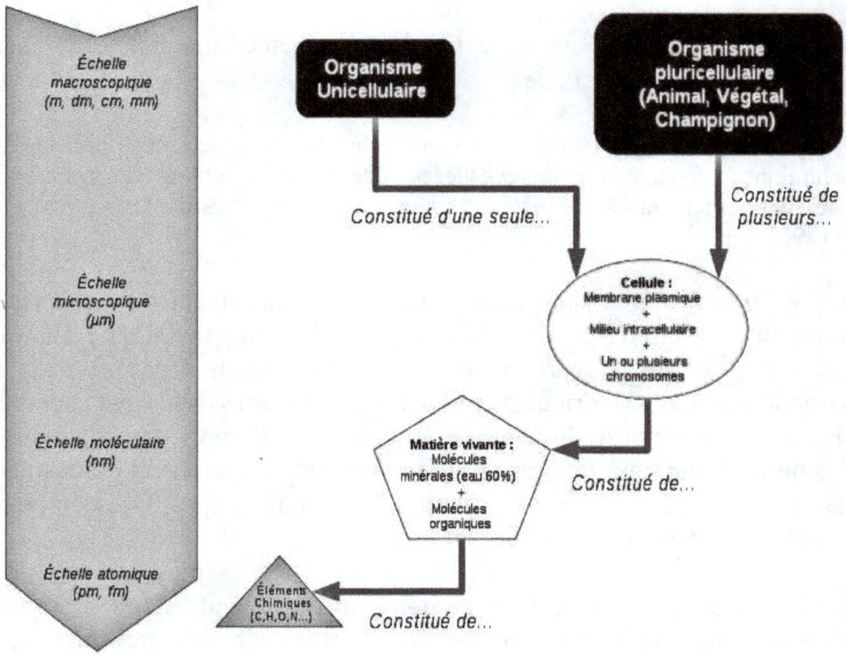

Figure 4 – Échelle de l'organisation du monde du vivant
Source : Infographie - Sciences de la Vie et de la Terre - Échelles d'organisation du Vivant.
https://commons.wikimedia.org/wiki/File:SVT_EchelleOrganisationVivant .svg
Page consultée le 31 mars 2019.

[27] https://www.sciencesetavenir.fr/sante/le-voyage-fantastique-du-spermatozoide_114350 – *Ibid.*

Ceci posé, pourquoi mettre en relation l'évolution du vivant et la robotique ? La définition dictionnairique donne du terme « robotique[28] » la signification suivante : « Ensemble des techniques permettant la conception, la réalisation de machines automatiques, de robots ; par métonymie, utilisation de ces machines dans un domaine ou un contexte donné ». Les artéfacts, nés de projets divers, puis appliqués en termes d'objets matériels, sont capables d'accomplir telle ou telle tâche particulière (robots ménagers, industriels, etc.). La sophistication desdits objets permet la réalisation de projets mis au point par l'homme, mais pouvant s'adapter à différents environnements, ce qui correspond à une forme d'autonomie.

Dans le monde du vivant, le substrat instinctuel fonctionne de façon similaire. Pelt[29] pose ainsi que :

> [...] l'instinct apparaît désormais comme le fruit de stricts déterminismes chimiques inféodant individus et espèces à des partenaires obligés et entraînant des comportements automatisés et rigoureux du type « stimulus/réponse » (1996 : 126).

Entre instinct de base posé comme paramètre participant de la survie et adaptabilité à un environnement donné, l'unité du vivant fonctionne, à la fois, dans le registre de la reproduction de comportements répétitifs dans un environnement donné (période des amours et gestuelle associée, par exemple), mais aussi dans celui de l'ouverture à de nouveaux comportements dans le cadre de l'adaptation à un nouvel environnement (les animaux domestiques en sont un exemple). Quant à l'évolution, elle est à l'origine d'un nombre de possibilités adaptatives fort important.

Par ailleurs, la structure de base de notre univers prend sa source de trois dimensions : hauteur, largeur, profondeur. Dans le cadre de cette structure, un quatrième facteur va intervenir : il s'agit du temps. Sans cet agent, notre univers resterait à l'état de potentialité. Comme le mentionne Martin :

> Le temps et la matière sont les deux faces d'un même évènement planifié. C'est parce que le temps se déroule que la matière s'inscrit dans un projet donné à travers nombre de transformations elles-mêmes programmées (2013 : 11-23).

La prise en compte de la durée de vie d'une espèce donnée montre qu'en amont, il existerait une forme de programmation. Chaque catégorie appartenant au règne du vivant a une durée de vie programmée[30] : pour l'aigle, ce sera autour de 30 ans, l'anguille 80 ans, l'homme 123 ans, le lichen 1000

---

[28] http://www.cnrtl.fr/definition/robotique - *Ibid.*
[29] PELT J-M., (1996), *Les langages secrets de la nature*, Éditions Fayard, 250 p.
[30] Jean SCHWARTZ, 2006 : 95.

ans, etc. Le facteur temps ressemble fortement à un logiciel dont l'activation déclencherait la programmation préétablie.

Tableau 1 – Durée de vie de quelques participants du règne du vivant			
Abeille (reine) : 5 ans	Aigle : 30 ans	Alligator : 55 ans	Anguille : 80 ans
Chêne pédonculé : 2000 ans	*Ephemeroptera* 2 à 3 jours	Homme : 123 ans	Lichen : 1000 ans
Mouche femelle : 29 jours	Mouche mâle : 17 jours	Séquoia : 6000 ans	Cellule de la rétine maximum 10 jours[31]
Source : Schwartz[32]			

1.2. De la programmation génétique à sa traduction lexico-sémantique

Il semblerait qu'en amont de la réalité perçue, il existerait une autre forme du Réel qui est en cours de décryptage à travers la physique quantique et la génétique, notamment. Cette forme de réalité peut prendre corps dans le langage.

Le spermatozoïde humain fut découvert en 1678 par le scientifique néerlandais Antoni van Leeuwenhoek. D'après ses observations, ces cellules ressemblaient à des animaux vermiformes. Cette annonce fut faite auprès de la Royal Society de Londres. Si, pour l'*Homo sapiens*, quelle que soit l'époque, la reproduction est inscrite dans la programmation instinctive, mais comme il est illustré ci-dessous par ce chercheur, la morale rigide n'en permet pas toujours le discours :

> Ce que j'ai observé, sans me comporter de façon coupable, était présent dans le résidu d'un coït conjugal. Si votre Excellence considérait que ces observations sont susceptibles de dégoûter ou scandaliser les savants, je prie ardemment votre Excellence de les tenir pour privées et de les publier ou de les détruire selon ce qui lui paraîtra convenable[33].

---

[31] Jean-Luc NOTHIAS, 2008.
http://sciences-technologies.lefigaro.fr/cellule-duree-de-vie.html

[32] Jean SCHWARTZ, *op. cit.* : 95.

[33] Les différentes références en relation avec cette découverte réfèrent à la revue en ligne : https://www.futura-sciences.com/sante/dossiers/medecine-plus-grandes-decouvertes-medecine-1830/page/7/ – Page consultée le 3 avril 2019.

Le lien existant entre un objet A et un objet B, soit dans le cadre de cette découverte, la reproduction de l'être humain, s'inscrit dans la prise de conscience qu'en eût Van Leeuwenhoek. Ainsi qu'il est mentionné dans la revue consultée, ce scientifique « suggérait enfin que ces créatures microscopiques nageant dans le sperme jouaient un rôle dans la fécondation. D'autres scientifiques virent dans les spermatozoïdes de simples parasites étrangers à la reproduction[34] ».

Comme nous le mentionnions précédemment, l'ensemble des bases de données informationnelles est inscrit dans l'univers, mais c'est par la prise de conscience du lien existant que l'information devient lecture pour l'être humain. Cette découverte en est une des illustrations.

Si nous reprenons la configuration gamète[35] mâle et gamète femelle, lors de la reproduction humaine, le premier est dynamique ainsi que le stipule Christine Gourier, du Laboratoire de physique statistique (ENS/CNRS), à l'origine de la découverte suivante : « Sans un tempo précis de son long flagelle, celui-ci n'aurait en effet aucune chance de féconder un ovule ! 'Deux oscillations par seconde pendant deux minutes, avec un angle d'attaque de 20 degrés environ'[36] », tandis que le second, l'ovule, est statique.

Qu'en est-il du végétal ? Les grains de pollen sont produits par les organes mâles de la fleur (étamines). Le vent et les insectes en sont les moyens de transport. Une fois déposés sur le pistil de la fleur (organe femelle), les grains de pollen en fécondent l'oosphère[37] afin d'assurer la production des graines[38]. Quant à la taille du gamète fécondant, il varie en fonction des plantes : entre 20 et 30 microns[39] ou micromètres (μ). Chez l'humain, il est de 75 μm (75 micromètres) au maximum, comme il avait été noté précédemment. Par ailleurs, le niveau pollinique devient élevé quand il est supérieur à 80 grains de pollen par m^3 (*cf.*[40]).

---

[34] *Ibid.*

[35] Cellule sexuée (mâle ou femelle), haploïde, destinée à la fécondation, dont le noyau comporte un nombre N de chromosomes égal à la moitié de celui des cellules originelles – Page consultée le 1er avril 2019.

Chez les animaux ou les végétaux supérieurs, le gamète mâle est souvent mobile et muni de un ou plusieurs flagelles. Chez les plantes supérieures, il est protégé par une structure particulière, le grain de pollen. Celui-ci en contact avec l'organe femelle, émet un tube à l'intérieur duquel sont véhiculés le ou les gamètes.

https://www.larousse.fr/encyclopedie/divers/gam%C3%A8te/54420 – *Ibid.*

[36] https://www.sciencesetavenir.fr/sante/le-voyage-fantastique-du-spermatozoide_114350 – *Ibid.*

[37] Gamète femelle chez les végétaux qui, après sa fécondation, devient l'œuf. http://www.cnrtl.fr/definition/oosph%C3%A8re – *Ibid.*

[38] *Cf.* http://www.encyclopollens.fr/la-face-cachee-des-pollens/la-carte-didentite-du-pollen/qu-est-ce-que-le-pollen/ – *Ibid.*

[39] Le micron est une unité de longueur équivalant à 0,001 millimètre.

[40] https://www.ouranos.ca/publication-scientifique/RapportGarneau2006_FR.pdf – *Ibid.*

La mise en relation de ces deux substrats reproductifs dans le monde du vivant montre que des dénominateurs leurs sont communs, liés à des paramètres les différant (tableau 2).

<table>
<tr><th colspan="2">Tableau 2 – Du dénominateur commun et de leurs paramètres dans le monde du vivant animal et végétal</th></tr>
<tr><td colspan="2">Dénominateurs communs</td></tr>
<tr><td colspan="2">- Microstructure inscrite au niveau des micromètres ;
- Organe émetteur mâle ;
- Organe récepteur femelle ;
- Dynamique du transfert d'un nombre colossal de gamètes mâles ;
- Statisme du gamète femelle.</td></tr>
<tr><td colspan="2">Paramètres induisant la différence entre animal et végétal</td></tr>
<tr><td>Espèce animale</td><td>Variété végétale</td></tr>
<tr><td>- Émission dans un biotope fermé (liquide séminal) ;
- Fécondation d'un organe récepteur déterminé au moment de la reproduction.</td><td>- Émission dans un biotope ouvert (espace atmosphérique) ;
- L'organe récepteur n'est pas déterminé. La pollinisation se réalise en fonction de l'environnement.</td></tr>
</table>

Dans le cadre de la microstructure d'où toute unité du vivant est issue, chez l'espèce animale, l'opposition mâle/femelle, traduite par la dynamique de l'émission des gamètes mâles et le statisme ovulaire, y est retranscrite à notre échelle. Chez l'être humain, elle se traduira au sein de structures sociétales où le patriarcat y est dominant, mais aussi dans le langage.

1.2.1. Du statut génétique retranscrit dans la macrostructure humaine à travers le langage

Les statuts du gamète mâle et du gamète femelle s'inscrivent dans le semblable et le différent. Semblables au niveau de leur contenu : 23 chromosomes qui, lors de leur configuration spécifique et de leur symbiose au moment de la fécondation, forment le soubassement du futur être humain dans sa qualité d'individu unique : « La perte aléatoire d'un chromosome de chaque paire permet la fécondation de deux gamètes entre eux, dont la fusion donnera naissance à un œuf (zygote) doté, comme ses parents, de 46 chromosomes.[41] »

---

[41] https://www.futura-sciences.com/sante/definitions/biologie-gamete-150/ – Page consultée le 4 avril 2019.

Quant à la différence au niveau de leur statut, elle prend sa source dans le contenant, soit le gamète mâle correspondant au spermatozoïde et au gamète femelle, à l'ovule, l'un étant actif, l'autre, passif.

Ainsi Aristote avait associé des qualités repérées au niveau de la perception, qualités « opposées en actives (chaud et froid) et passives (sec et humide), les premières agissant sur la forme et les secondes sur la matière[42] ». Le binarisme associé à l'homme et à la femme a été l'objet d'un certain nombre d'études où il est montré que, dans de nombreuses sociétés, c'est le masculin qui domine le féminin : les règles de grammaire en sont un exemple. Ainsi, dans le cadre de l'accord de l'adjectif se rapportant à un doublet[43] :

> Selon la règle habituelle d'accord, l'adjectif (ou le participe passé), dans un doublet, s'accorde au masculin pluriel lorsqu'il se rapporte à la fois à un nom (ou pronom) masculin et à un nom (ou pronom) féminin coordonnés par et, même lorsque chacun de ces noms est au singulier, en raison du sens d'addition attaché à cette conjonction[44].

Héritier, anthropologue, a montré, à travers différentes études, que la dualité homme/femme figurait dans la société humaine, bien que retranscrite de manière différente comme nous pouvons le voir dans le tableau 3.

<table>
<tr><th colspan="4">Tableau 3 – De la microstructure à la macrostructure, la réécriture de la binarité</th></tr>
<tr><td>Microstructure
Actif/émetteur :
gamète mâle</td><td>Macrostructure
Homme</td><td>Microstructure
Passif/récepteur :
gamète femelle</td><td>Macrostructure
Femme</td></tr>
<tr><td colspan="2"><u>Actif</u>, rugueux, chaud, sec, dur, sain, <u>rapide</u>, <u>fort</u>, belliqueux, compétent, clair, <u>mobile</u>, <u>extérieur</u>, supérieur, <u>aventureux</u>, abstrait, théorique, transcendent, culture</td><td colspan="2"><u>Passif</u>, lisse, froid, humide, mou, malsain, <u>lent</u>, faible, paisible, incompétent, obscur, <u>immobile</u>, <u>intérieur</u>, inférieur, <u>casanier</u>, concret, empirique, immanent, nature</td></tr>
</table>

[42] TOUWAIDE (Alain), « Aristote et les quatre qualités », *In* : *Revue d'histoire de la pharmacie*, 81e année, n°296, 1993. pp. 107-108 – *Ibid.* http://www.persee.fr/doc/pharm_0035-2349_1993_num_81_296_3702_t1_0107_0000_2

[43] On appelle doublet l'ensemble que constituent la forme masculine et la forme féminine d'un nom. http://bdl.oqlf.gouv.qc.ca/bdl/gabarit_bdl.asp?id=3991 – *Ibid.*

[44] *Ibid.*

Binarité homme/femme
Actif/ passif, rugueux/lisse, chaud/froid, sec/humide, dur/mou, sain/malsain, rapide/lent, fort/faible, belliqueux/paisible, compétent/incompétent, clair/obscur, mobile/immobile, extérieur/intérieur, supérieur/inférieur, aventureux/casanier, abstrait/concret, théorique/empirique, transcendent/immanent, culture/nature, etc.[45]

Nous retrouvons l'association homme/femme à des éléments participant à son environnement direct (percepts) et indirect (représentations métaphoriques et symboliques) dans le cadre de recherches ethnologiques réalisées par Lévi-Strauss :

> [...] en Amérique septentrionale comme dans l'Ancien Monde, les armoises sont des plantes à connotation **féminine**, **lunaire** et **nocturne**, principalement utilisées pour le traitement de la dysménorrhée et des accouchements difficiles. Une recherche similaire, portant sur l'autre groupe végétal, révèle qu'il s'agit d'espèces synonymes, ou assimilées par la pensée indigène en raison de leurs fleurs jaunes et de leur emploi tinctorial et médicinal (pour soigner les troubles des voies urinaires, c'est-à-dire de l'appareil génital masculin). On a donc un ensemble, symétrique et inverse du précédent, à connotation **mâle**, **solaire** et **diurne** (1962 : 64).

Les occurrences : « féminine », « lunaire » et « nocturne » sont les antonymes des unités lexicales : « mâle », « solaire » et « diurne », référence indirecte à la microstructure où le gamète mâle peut être visible, même si cela est réalisé à une échelle supérieure à notre capacité de vision (microscope), ce qui renvoie à l'adjectif « diurne » « emprunté au latin *diurnus* 'de jour' (par opposition à *nocturnus* → nocturne) » (Rey, 2006 : 1108), alors que l'ovule inscrit dans le corps de la femme reste un élément caché, ceci en corrélation avec la noirceur rendant tout objet invisible.

À partir du tableau représentant les images liées à la femme et à l'homme et extraites des travaux de l'anthropologue Héritier (tableau 3), nous allons reprendre les unités lexicales « actif » et « passif » et les mettre en relation avec leur champ sémantique dans le cadre de la proxémie (distance réelle ou symbolique existant entre différentes unités) (tableau 4).

[45] Françoise Héritier, Odile Jacob, 2012 : 16.

Tableau 4 – Champs sémantiques des occurrences adjectivales « actif » et « passif »	
Actif	***Passif***
Agile, agissant, alerte, allant, allègre, ardent, batailleur, bon, bouillonnant, commerçant, diligent, dispos, dynamique, débordant, efficace, efficient, entreprenant, expéditif, **fort**, fougueux, fringant, infatigable, influent, juvénile, laborieux, leste, manifeste, militant, occupé, opérant, proactif, prompt, puissant, radioactif, **rapide**, remuant, résolutif, sémillant, travailleur, turbulent, vaillant, vif, vigoureux, violent, vivant, zélé[46]	Amorphe, apathique, atone, automatique, docile, défensif, endormi, faible, fataliste, figé, flasque, flexible, **froid**, grégaire, hostile, **immobile**, impassible, inactif, indifférent, indocile, indolent, inerte, influençable, insensible, instinctif, involontaire, irréfléchi, languissant, **lent**, machinal, malléable, maniable, mort, mou, moutonnier, mécanique, méfiant, nonchalant, obéissant, paresseux, récalcitrant, réflexe, résigné, rétif[47]

En mettant en corrélation la microstructure d'où nous sommes issus, et les valeurs adjectivales : « actif » et « passif » liées au statut des gamètes mâle et femelle, nous constatons que nous retrouvons l'activation du même champ sémantique (tableau 3 et 4). Indirectement, les cooccurrences qui leur sont liées : émetteur, récepteur y figurent également. Avec « émetteur » : actif, rapide, fort, mobile, extérieur, aventureux ; avec « récepteur » : humide, immobile, intérieur, casanier. Les unités lexicales repérées sont soulignées (tableau 5).

Tableau 5 – Occurrences adjectivales en relation avec le statut de la microstructure génétique	
Actif, rugueux, chaud, sec, dur, sain, **rapide**, **fort**, belliqueux, compétent, clair, **mobile**, **extérieur**, supérieur, **aventureux**, abstrait, théorique, transcendent, culture	**Passif**, lisse, froid, **humide**, mou, malsain, **lent**, faible, paisible, incompétent, obscur, **immobile**, **intérieur**, inférieur, **casanier**, concret, empirique, immanent, nature
Source : Françoise Héritier, Odile Jacob, 2012 : 16.	

[46] http://www.cnrtl.fr/proxemie/actif – *Ibid.*
[47] http://www.cnrtl.fr/proxemie/passif – *Ibid.*

En ce qui concerne l’étymologie de l’unité lexicale « femme » :

> L’unité lexicale « femme » dérive de la racine indo-européenne : *dhê-* ayant pour signification : « sucer, téter »[48]. Le mot « femme » nous vient du grec *phuomai* (« *φυομαι* » : « ce qui naît ») puis du latin « *femina* » [[49]] au sens de l'être au féminin, ou « *foemina* » [[50]] qui dérive de « *foetare* », « *fœtus* », parce que, l'écrit-on au XIXe siècle, ‘sa destination naturelle est d'engendrer [[51]]’[52].

Cette binarité homme/femme se traduit également avec les notions de sexe fort, représentation symbolique de l’homme et celle de sexe faible représentant la femme

Cette procédure linguistique traduit ainsi un dénominateur uniforme à l’ensemble du monde du vivant sexué.

La redistribution du code génétique l’est *ad infinitum* :

> Il existe pas moins de $1{,}5\times10^{84}$ possibilités de coder 21 éléments d'information (les 20 acides aminés standards + la fin de la traduction) par 64 codons[53], chiffre qui correspond au nombre de combinaisons possibles permettant d'associer 64 codons à 21 éléments d'information de telle sorte que tout codon et tout élément d'information soit associé à au moins une combinaison. Malgré ce nombre astronomiquement grand, tous les codes génétiques de toutes les formes de vies connues sont quasiment identiques, se limitant à un petit nombre de variations mineures. Les raisons d'une telle homogénéité universellement observée demeurent fondamentalement inconnues, bien que diverses hypothèses aient été formulées pour expliquer cette situation[54].

Ce transfert inconscient d’un soubassement commun pourrait être mis en relation avec « la naissance d’un nouveau langage, celui de la géométrie fractale qui décrit des objets possédant une symétrie particulière liée à une invariance d’échelle. Dans cette géométrie, les parties ressemblent au tout, à une dilation près » (Sapoval, 1997). Le langage en serait le transfert informationnel. Il s’agit, bien sûr, d’une relation évocatrice dont les éléments

---

[48] Alain REY (ed.), *Dictionnaire culturel en langue française*, Paris, Dictionnaires Le Robert, 2005, 4 Volumes. Vol. 1: XXXIII + 2355 pages, Vol. 2: 2396 pages, Vol. 3: 2392 pages, Vol. 4: 2083 + CCCLVI pages (annexes)

[49] *Dictionnaire Latin Français*, Félix GAFFIOT, p. 658, colonne III.

[50] *Dictionnaire Latin Français*, *ibid*, p. 677, colonne III.

[51] *De la femme, sous ses rapports physiologique, moral et littéraire*, Julien-Joseph VIREY, Paris, 1825, chez Crochard, p. 2.

[52] https://sites.google.com/site/etymologielatingrec/home/f/femme – Page consultée le 2 avril 2019.

[53] ↑ (en) M. YARUS, *Life from an RNA World: The Ancestor Within*, Cambridge, États-Unis, Harvard University Press (ISBN 0-674-05075-4), p. 163 – Page consultée le 1er mai 2019.

[54] https://fr.wikipedia.org/wiki/Code_g%C3%A9n%C3%A9tique – *Ibid*.

qui en forment la base : relation entre microstructure et macrostructure à travers reproduction d'objets similaires, mais non identiques (actif/émetteur, passif/récepteur), demanderaient un décodage complémentaire à celui de la linguistique. Dans le cadre de cette étude, nous référerons à cette procédure, dont le contenant est similaire, mais dont le contenu varie, en la dénommant : « matrice fractale ».

1.2.2. De la programmation génétique retranscrite dans la macrostructure humaine à travers multitude et langage

Le nombre de gamètes mâles émis par l'être humain de sexe masculin est extraordinaire : « Au moment de l'ovulation, l'ovocyte est expulsé de l'ovaire, entouré de cellules folliculaires, puis il progresse dans la trompe. Au moment de l'éjaculation, 300 à 500 millions de spermatozoïdes sont émis[55] », chiffres correspondant en 2017 à la population des États-Unis[56] (329 153 698 habitants) et, en 2015, à l'Union européenne[57] (508 millions). Précisons que suivant les études réalisées et leurs références, le nombre de gamètes présenté peut varier de façon importante. De la microstructure à la macrostructure, la multitude y est omniprésente.

Comme précédemment, nous allons mettre en corrélation microstructure organique et sa macrostructure en utilisant l'outil communicationnel du langage et voir quelles en sont les reproductions directes et indirectes.

Au sein de la microstructure humaine, lors de l'émission des gamètes mâles, l'objectif programmé est la perpétuation de l'espèce par le biais de la fécondation de l'ovule. Dans l'atteinte de cet objectif à tout prix, quels que soient les obstacles rencontrés, le nombre phénoménal d'unités mises en place est une stratégie permettant de multiplier les chances de gagner.

Exemplifions avec des jeux comme le loto où la résultante de la combinaison des chiffres ne permet de gagner que si le nombre de combinaisons jouées est augmenté de façon importante :

> Le nouveau Loto est maintenant composé de 2 grilles : numéros et numéro Chance : Il faut choisir 5 numéros parmi 49, ce qui nous donne un total de 1 906 884 combinaisons possibles. Puis choisir 1 « numéro Chance » parmi 10, ce qui nous donne un total de 10 possibilités. Le nombre total de combinaisons jouables avec 5 bons numéros et le numéro Chance est donc de 1 906 884 x 10 = 19 068 840 combinaisons possibles ! Cette probabilité est plus faible que celle de l'ancien Loto (dans lequel il fallait choisir 6 numéros

---

[55] https://www.futura-sciences.com/sante/dossiers/medecine-infertilite-sterilite-963/page/4/ – Page consultée le 5 avril 2019.
[56] https://donnees.banquemondiale.org/indicateur/sp.pop.totl – *Ibid.*
[57] https://europa.eu/european-union/sites/europaeu/files/eu_in_slides_fr.pdf – *Ibid.*

parmi 49 soit 1 chance sur 13 983 816) en raison et l'introduction de la seconde grille pour le numéro Chance[58].

Le nombre de gamètes émis n'est pas articulé autour du choix d'un gamète particulier, mais autour d'un objectif à atteindre. Cela pourrait correspondre à une expérience aléatoire qui dans le cadre des probabilités et des statistiques correspond à une « expérience où le hasard intervient rendant le résultat imprévisible (ex : lancer un dé). Ensemble de tous les résultats possibles = univers des possibles = W (Ex : W = {1, 2, ..., 6}[59] », ce qui donne le résultat suivant en le réappliquant aux gamètes :
$W = \{300\,000\,000 < x < 500\,000\,000\}$.

Le pôle majeur autour duquel est articulée cette procédure est l'objectif à atteindre : avoir un gagnant ou plusieurs gagnants (jumeaux, triplés, quadruplés, etc.) lors de la fécondation. Le moyen utilisé est le nombre important de participants. Ainsi que le mentionne Martin :

> Ce phénomène fait écho à la conception même, où le spermatozoïde le plus véloce fait son entrée dans l'ovule. Nous retrouvons ce mode « à vivre », à tout prix, à tous les niveaux du monde du vivant. Les sociétés humaines sont construites également sur ce modèle, et des locutions comme : « réussir à tout prix », « être le meilleur », « grimper les échelons de l'échelle sociale » en sont le reflet (2015 : 76).

L'unité lexicale « gagner » renvoie au sens de : acquérir (quelque chose)[60]. Dans le dictionnaire des synonymes mis en ligne par le CRISCO[61] (Équipe d'accueil 4255 de l'université de Caen Normandie), équipe de recherche spécialisée dans l'analyse de l'articulation entre syntaxe et sémantique, nous trouvons un classement des premiers synonymes de l'occurrence « gagner » en fonction de leur degré de pertinence.

Tableau 6 – Classement des synonymes de l'occurrence « gagner » par ordre de pertinence

Conquérir	▬▬▬▬
Prendre	▬▬▬
Obtenir	▬▬
Attraper	▬▬
Séduire	▬
Toucher	▬
Capter	▬

[58] https://www.lesbonsnumeros.com/loto/informations/probabilites.htm – *Ibid.*
[59] http://www.irisa.fr/prive/kadi/Cours_LR2V/Divers_Cours/cours-probabilit%E9.pdf – *Ibid.*
[60] http://www.cnrtl.fr/definition/gagner – *Ibid.*
[61] http://crisco.unicaen.fr/ – *Ibid.*

Ramasser	■
Remporter	■
Acquérir	■
Captiver	■
Aller	■
Récolter	■
Atteindre	■
Attirer	■
Source : Classement des premiers synonymes http://crisco.unicaen.fr/des/synonymes/gagner – Page consultée le 5 avril 2019.	

De nombreuses expressions, articulées autour de l'occurrence verbale : « gagner », montrent une relation indirecte avec la microstructure d'où nous sommes issus comme « gagner à tout le prix » (gagner coûte que coûte), « gagner de vitesse » (devancer), « gagner la bataille » (vaincre, remporter une victoire), « gagner la partie » (l'emporter), « gagner ses galons » (gagner ses éperons, acquérir une renommée), « gagner son bâton de maréchal » (obtenir un poste très élevé)[62]. En effet, la programmation biologique du gamète mâle est de devoir fusionner avec le gamète femelle afin d'assurer la perpétuation de l'espèce animale ou de la variété végétale dans le temps. Dans ce cas de figure, gagner à tout prix fait appel au phénomène de foule où celui qui s'en démarque en devient le représentant. Dans son fonctionnement, cet automatisme n'est pas sans rappeler la robotique.

Dans le cadre de la réflexion humaine, atteindre les objectifs que nous nous sommes fixés participe de la fonction cognitive liée à l'analyse et au raisonnement. En effet, la visualisation d'un projet fait appel à une démarcation vis-à-vis du facteur temps : nous sommes rivés au temps présent tout en nous projetant dans le futur. La réécriture du facteur temps à travers différentes catégories verbales participe des fonctions cognitives de l'être humain.

1.2.3. Quand la microstructure devient réécriture tridimensionnelle corrélée au facteur temps dans la macrostructure

« Arriver le premier », « être le gagnant de » sont des expressions qui renvoient à la compétition. Il en est ainsi du marathon, soit une « […] épreuve de course à pied de grand fond, sur une distance de 42,195 kilomètres ». Or, très singulièrement, la distance parcourue par le spermatozoïde du vagin aux trompes de Fallope est de l'ordre de 10 à 12 cm de long, ce qui correspond à

[62] https://dictionnaire.reverso.net/francais-synonymes/gagner+%C3%A0+tout+prix – Page consultée le 6 avril 2019.

« 24 000 fois la taille de la tête des spermatozoïdes, l'équivalent de… 42 kilomètres pour nous ![63] ». Phénomène de synchronicité ? Étrangeté du hasard ? Programmation réécrite à partir de la microstructure ?

Cette course est reconnue mondialement et son origine est la suivante :

> C'est l'histoire d'un messager grec, nommé Phidippidès, qui aurait couru de la ville de Marathon jusqu'à Athènes, pour annoncer aux citoyens la victoire des Grecs sur les Perses lors de la bataille de Marathon durant la 1re Guerre médique[64].

Dans cette course, le messager serait mort d'épuisement, mais il aurait atteint son but, puisque le message a bien été transmis. Le marathon de la vie y ressemble étonnamment. Le gagnant va amener le message codé sous forme de chromosomes, puis il disparaîtra en tant que cellule originelle. Au figuré, ce phénomène renvoie au sens de : « Épreuve d'endurance, séance pénible et éprouvante pour les participants en raison d'une durée anormalement longue ».

Concernant la réinscription de la microstructure sous une forme autre dans la macrostructure, le tableau 7 en présente la synthétisation qui fera l'objet d'une analyse dans les prochains sous-chapitres.

Tableau 7 – De la microstructure à la macrostructure, ou comment gagner au jeu de la vie → matrice fractale	
Procédure utilisée dans la microstructure	
Nombre important d'unités participantes (gamètes mâles)	But à atteindre : passer de la microstructure à la macrostructure
Procédure utilisée dans la macrostructure	
Nombre important d'unités participantes (membres d'un groupe)	But à atteindre : réussir, être le gagnant de…
Foule, groupe, famille…	Réplique de la programmation utilisée dans la microstructure : instinct de survie, reproduction

En reprenant ce qui a été noté dans le tableau ci-dessus comme réplique de la programmation utilisée dans la microstructure, l'instinct de survie ainsi que la reproduction font partie des facteurs de base formant le monde du vivant ; ils sont liés au paramètre de la réussite à tout prix.

---

[63] *Op.* cit.

[64] http://sport24.lefigaro.fr/le-scan-sport/le-saviez-vous/2016/08/21/27006-20160821ARTFIG00022-pourquoi-la-distance-du-marathon-est-elle-de-42195-km.php – Page consultée le 6 avril 2019.

Le jeu de la vie, ou gagner à tout prix

Toujours à partir des dénominateurs communs programmés dans la reproduction animale, dans la microstructure, c'est le nombre colossal de participants qui va permettre à un ou plusieurs de leurs congénères d'intégrer la macrostructure par le biais de la fécondation. Y sont associés vitesse de déplacement et but à atteindre.

Dans le cas de figure d'un jeu, d'un concours, ou autre, en être le vainqueur s'inscrit dans une organisation au sein de laquelle aucune des unités la composant ne se démarque des autres. L'objectif à atteindre en est le paramètre déclencheur. Quand le but est atteint, le vainqueur prend une place située hors du groupe, ce qui renvoie à une similitude de fonctionnement entre microstructure et macrostructure (tableau 8).

Tableau 8 – De la victoire inscrite dans une programmation sous-jacente à l'ensemble : microstructure et macrostructure → matrice fractale
- Ensemble d'unités orientées *de facto* vers un but prédéterminé ; - Résultat obtenu par une ou quelques unités et non l'ensemble.

L'unité lexicale « vaincre » a pour occurrences synonymiques les plus pertinentes : avoir le dessus, dominer, l'emporter, gagner, triompher[65]. « Avoir le dessus », « dominer » fait écho indirectement à la microstructure ou une minorité l'emporte sur la majorité. Qu'en est-il au niveau de la macrostructure de type groupal dans les sociétés animales ?

L'unité sémantique « grégarité » renvoie à la « tendance instinctive qui pousse des individus d'une même espèce à se rassembler et à adopter un même comportement[66] ». Il en est ainsi des essaims, d'un troupeau, ou d'une meute de loup. De cette dernière, Gauvin[67] montre que le loup (*Canis lupus lupus*) est une espèce sociale qui

> [...] satisfait en effet à l'ensemble des critères de socialité : la stabilité temporelle, la cohésion spatiale, la communication et la coordination des activités, la reconnaissance des membres du groupe et la discrimination des non-membres. Ainsi, les loups évoluent au sein d'une structure sociale caractéristique : la meute. [...] (2013 : 20).

Cette unité lexicale : « meute » s'inscrit dans le champ synonymique de : bande, cohorte, horde, légion, meute, multitude, troupe, termes que nous retrouvons dans des expressions comme « homme de troupe » (militaire,

---

[65] http://www.cnrtl.fr/definition/vaincre – Page consultée le 8 avril 2019.
[66] http://www.cnrtl.fr/definition/gr%C3%A9garit%C3%A9 – *Ibid.*
[67] http://theses.vet-alfort.fr/telecharger.php?id=1642 – *Ibid.*

soldat), « homme d'équipage » (marin, matelot) ; elle fait également partie du champ de la proxémie lié au sous-ensemble (cluster) : « foule » avec les unités lexicales suivantes (*cf.* figure 5) :

- affluence = arrivée en grande quantité ;
- essaim = colonie d'insectes qui vivent en commun et travaillent collectivement ;
- masse = tas, amoncellement fait d'une grande quantité d'éléments de petite taille et de même nature formant un tout indistinct ;
- multitude = très grand nombre d'êtres ou de choses concrètes ou abstraites, de même espèce ;
- nuée = grand nombre de, multitude de ;
- quantité = nombre ou mesure déterminant des choses considérées dans un ensemble homogène ou dans une portion de matière ;
- tas = accumulation d'une matière, de choses de même nature ou de nature différente, arrangées avec ou sans ordre et placées les unes sur les autres ;
- troupeau = ensemble d'animaux domestiques ;
- volée = groupe d'oiseaux qui volent ensemble ; ensemble d'oiseaux de même espèce issus d'une même couvée ou nés dans la même saison[68].

La référence à l'organisation de type groupal dans le monde du vivant est corrélée à des unités lexicales comme « essaim » (colonie d'insectes), « meute » (groupe de loups ou de chiens), « troupeau » (ensemble d'animaux domestiques), « volée » (groupe d'oiseaux qui volent ensemble).

---

[68] La définition de chacune des occurrences citées et figurant dans la figure 6 prend sa source de : http://www.cnrtl.fr/ – *Ibid.*

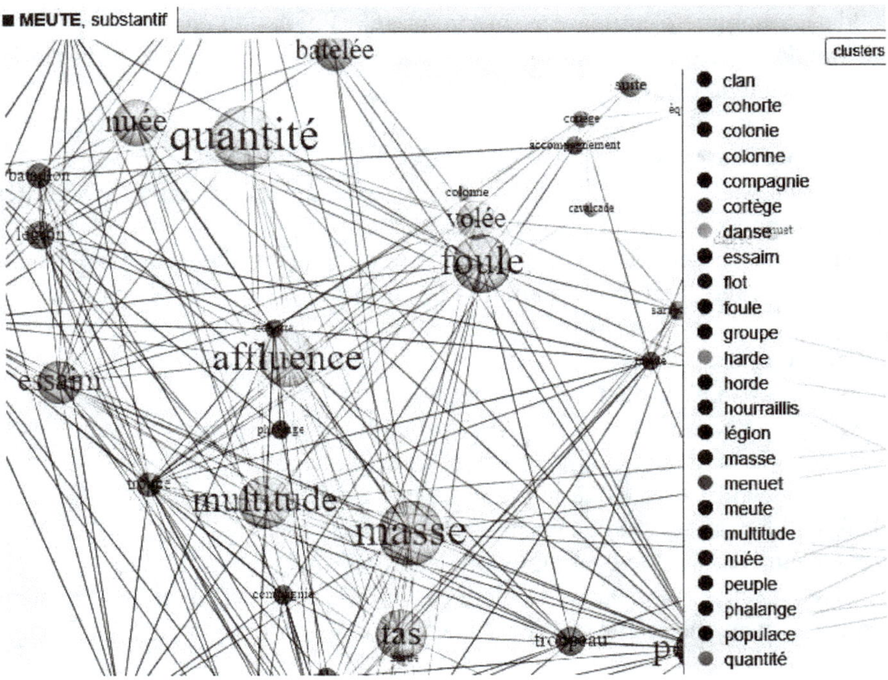

Figure 5 – Proxémie du terme « meute » dans le sous-groupe (cluster) « foule »
Source : http://www.cnrtl.fr/proxemie/meute – page consultée le 8 avril 2019.

Force est de constater que les dénominateurs communs à l'ensemble de ces occurrences sont la quantité et la similarité. Dans les systèmes totalitaires, le fonctionnement en mode programmation montre qu'aucune démarcation n'existe entre ensemble et unité. Ainsi, dans un ouvrage dédié au régime de Pol Pot, Short mentionne les réflexions d'un étudiant cambodgien de retour dans son pays : « Ce que je vois dépasse l'imagination. […] Les gens ne ressemblent pas à des êtres humains. On dirait des objets, des automates venus d'autre planète » (2007 : 22). La perception de l'autre comme « automate » n'est pas anodine…

Toujours, dans le cadre de cette macrostructure, nous retrouvons ces différents modes de fonctionnement lors de la reproduction où le gagnant est dénommé « mâle alpha » ou « mâle dominant ».

Chez *Canis lupus lupus* (loup) :

> Les mâles sont susceptibles d'empêcher l'accouplement d'une femelle et d'un autre mâle pour différentes raisons : leur préférence porte sur la femelle impliquée, ou bien leur seuil de tolérance à laisser les autres mâles interagir sexuellement est faible. Les observations menées ont permis d'affirmer que le mâle « alpha » empêchait les autres mâles d'interagir avec leur femelle préférée, cette inhibition étant d'autant plus prononcée que le rang des individus est inférieur. Les mâles dominants interviennent alors pour empêcher les interactions sexuelles des autres mâles de rang inférieur. Au contraire, l'association temporelle entre interaction agressive et interaction sexuelle est quasi-absente parmi les femelles. Ainsi, une compétition sexuelle par agression est présente chez les mâles de façon significative, contrairement aux femelles (Gauvin, 2013 : 31).

L'*Homo sapiens* appartient à la classe des mammifères et fait partie de l'ordre des primates (classification des unités du vivant selon Carl Linné). Ainsi que le mentionne le physiologiste et biologiste Diamond, dans le cadre de la filiation phylogénétique du chimpanzé pygmée du Zaïre et du chimpanzé commun d'Afrique, nous partageons 98 % de leur programme génétique (1992 : 10), d'où des comportements similaires, même si le langage nous en démarque. Dans un article dédié au comportement du chimpanzé, Cawthon Lang[69] spécifie : « Il y a une hiérarchie de dominance linéaire parmi les mâles chimpanzés, et les mâles dominent les femelles ». Ainsi, chez les grands singes, le mâle dominant, ou mâle alpha s'attribue les meilleures reproductrices comme femelles, ce que nous retrouvons, sous une forme similaire, dans le cadre de la polygamie.

Comme nous l'avions noté dans le sous-chapitre 1.2, l'occurrence verbale : « gagner » a un certain nombre de synonymes dont « prendre », « conquérir » en sont les plus marquants. Leur mise en relation montre que le passage de l'objectif à atteindre à sa réalisation inscrit cette dernière dans la réalité : le gamète mâle ayant intégré l'ovule dans la microstructure en est la première représentation. Qu'en est-il au niveau de la macrostructure ?

Le mâle dominant est également appelé mâle alpha ; ce dernier terme correspond au « nom de la première lettre de l'alphabet grec écrite α et correspondant, dans l'alphabet français, à la lettre A[70] » se traduit, dans la macrostructure des sociétés humaines, par des unités lexicales renvoyant à la représentation ou à la symbolique du, ou des détenteurs de pouvoir. Il en est ainsi du terme « chef » dont l'étymologie prend sa source du latin classique : « *caput* 'tête', 'extrémité (d'où début)', 'ce qui est important (notamment d'un

---

[69] CAWTHON LANG KA, 2006, 13 avril, *Les Feuilles Instructives du Primate : Chimpanzé (Pan troglodytes) Comportement.*
<http://pin.primate.wisc.edu/factsheets/french/chimpanzee/behav>.
Accédé le 8 avril 2019.
[70] http://www.cnrtl.fr/definition/alpha – Page consultée le 8 avril 2019.

écrit)', 'celui qui est à la tête de, auteur'[71] ». Ses occurrences synonymiques renvoient à des unités lexicales comme : directeur, maître, dirigeant, gouverneur, souverain, supérieur, patron, responsable, meneur… Nombre de cooccurrences sont en relation avec ce terme (*cf.* tableau 9).

Tableau 9 – Cooccurrences de l'unité lexicale « chef »		
Chef d'atelier (contremaître)	Chef de bande (leader, meneur)	Chef de chantier (contremaître)
Chef de clan (leader, meneur)	Chef de famille (responsable du groupe familial)	Chef de gang (meneur, leader)
Chef de gouvernement (chef du gouvernement, Premier ministre, président du conseil)	Chef de groupe (meneur, leader)	Chef de l'église (responsable du clergé)
Chef d'entreprise (président-directeur général)	Chef de rang (maître d'hôtel)	Chef d'escadre (commandant)
Chef d'escadron (commandant)	Chef d'établissement scolaire (directeur d'école)	Chef d'étage (maître d'hôtel)
Chef-d'œuvre (prodige, perfection, bijou, merveille)	Chef du gouvernement (président du conseil, Premier ministre, chef de gouvernement)	Chef d'un bureau de poste (receveur des Postes)
Chef du room service (maître d'hôtel)	Commandant en chef (officier)	Commandement en chef (direction)
Source : https://dictionnaire.reverso.net/francais-synonymes/chef – Page consultée le 9 avril 2019.		

De nombreuses études anthropologiques réfèrent au système tribal où le chef de tribu a tout pouvoir sur ses congénères. La hiérarchie fait partie d'une des bases de données du monde du vivant qui en permet le bon fonctionnement. Cette programmation biologique est déjà inscrite chez le gagnant dans la microstructure. Dans un article articulé autour du concept de hiérarchie, il est mentionné ceci : « Une bonne place permet à l'animal d'avoir

[71] http://www.cnrtl.fr/etymologie/chef – Page consultée le 9 avril 2019.

un meilleur accès à la reproduction, à la nourriture, et lui offre donc, ainsi qu'à sa progéniture, les meilleures chances de survie » et de préciser : « [...] au summum de la hiérarchie, le jeune chimpanzé aura eu l'occasion de multiplier les partenaires et donc de veiller à la pérennisation de ses gènes[72] ».

Dans une étude dédiée aux chimpanzés, Cawthon Lang spécifie :

> Il y a une hiérarchie de dominance linéaire parmi les mâles chimpanzés, et les mâles dominent les femelles. Les mâles restent dans leur communauté natale tandis que les femelles, en général, migrent pendant l'adolescence, entre l'âge de 9 et 14 ans (2006).

Chez l'*Homo sapiens*, la constitution du groupe social prend sa source de la tribu dont l'origine latine est *tribus*. Ainsi que le précise l'anthropologue Godelier[73]:

> L'équivalent de « tribus » en grec ancien est *phulé* qui signifie « feuille », mais qui renvoie au verbe *phuo* qui signifie « faire naître », « faire pousser ». Une tribu dans l'ancienne Rome était formée d'un certain nombre de groupes d'hommes et de femmes reliés par la parenté, groupes appelés « gens ». L'équivalent de « gens » en grec est *genos*. Et les deux mots sont à rapprocher du sanskrit : *jati* qui signifie « naissance ». Bref, dans l'Antiquité les principales langues indo-européennes désignent l'appartenance à une même « naissance » comme le fondement de groupes sociaux qu'aujourd'hui nous appelons « clans », « lignages », « maisons », etc.

À une échelle moindre en tant qu'unités du vivant dans le cadre de la macrostructure, l'ensemble protège l'unité ayant une source commune, soit le patrimoine génétique.

De la conquête au pouvoir, une histoire de transfert

Dans une étude relative à la notion de pouvoir, Servais précise ceci :

> Le rang formel d'un chimpanzé est déterminé par les rituels de salut. [...] La dominance réelle se reconnaît à la capacité du mâle alpha à monopoliser les femelles lorsqu'elles sont les plus attractives, à empêcher des coalitions de se former contre lui, à sortir le plus souvent gagnant des combats ou des conflits qui l'opposent aux autres chimpanzés, à mener le groupe ou le sous-groupe

---

72 https://www.sciencesetavenir.fr/animaux/grands-mammiferes/chez-les-chimpanzes-femelles-et-males-ont-des-techniques-bien-differentes-pour-prendre-du-galon_107547 – Page consultée le 10 avril 2019.

73 GODELIER, Maurice, *En guise de conclusion : Tribus, ethnies et États In : La constante « Tribu » : Variations arabo-musulmanes* [en ligne], Paris : Demopolis, 2013 (généré le 10 avril 2019). Disponible sur Internet : <http://books.openedition.org/demopolis/249>. ISBN : 9782354571061. DOI : 10.4000/books.demopolis.249. – *Ibid.*

> dans la direction qu'il a choisie, et, enfin, dans sa capacité à faire cesser les conflits qui opposent les autres membres de la communauté (1993).

Cette anthropologue montre ainsi que :

> [...] dans la communauté des chimpanzés, le mâle dominant n'est pas nécessairement le plus gros ni le plus fort. Il a l'air d'être le plus puissant parce qu'il garde en permanence le poil légèrement hérissé, et se déplace d'une démarche imposante : ce sont d'autres aspects de la mise en scène de la dominance (*ibid.*).

Et précise[74] :

> Le rang formel d'un chimpanzé est déterminé par les rituels de salut [...]. Jamais le mâle alpha ne salue qui que ce soit. Il est salué par tous avec déférence. Cesser de saluer le dominant est la première étape de la remise en question de sa dominance (*ibid.*).

Toujours en relation avec l'*Homo sapiens*, bien que n'étant pas dotés des mêmes possibilités langagières, les singes supérieurs peuvent assimiler un certain nombre de mots comme l'ont montré différents chercheurs travaillant dans des champs de recherche connexes comme la primatologie et la biologie.

> [Ainsi] le chimpanzé pygmée Kanzi à Atlanta, à qui on a appris à utiliser un lexigramme de 100 mots anglais associés à des images. [...] Il manifeste au moins un niveau de compréhension atteint par un enfant humain de 2 ans (Chaline, 2000 : 85).

D'autres études ont été réalisées sur les comportements chez les grands singes. La ruse en est un des moyens. Dans le cadre de la mise en relation entre agissements politiques chez les humains et chez les chimpanzés, Picq, cite la manière dont la rouerie s'est déclinée chez un chimpanzé, nommé Mike, très désireux de s'accaparer le pouvoir ; il avait constaté que ses congénères étaient fort effrayés lorsque des bidons d'essence métalliques s'entrechoquaient. Il prit donc deux bidons qu'il fit rouler « avec force vacarme, ce qui fit fuir les grands mâles » (Picq, 2017 : 202). Cette fuite lui permit d'intégrer le rôle de mâle dominant, ou mâle alpha. Agissements politiques très bien analysés par Machiavel dans son ouvrage : *Le prince*.

L'éthologue et primatologue De Waal met également en parallèle le comportement non verbal chez l'être humain et chez certains primates :

---

[74] *Op. cit.*

> Consciemment ou non, la domination sociale occupe notre esprit en permanence. Les expressions de notre visage : par exemple, nous rétractons les lèvres pour découvrir nos dents et nos gencives lorsque nous avons besoin de clarifier notre position sociale (2006 : 106).

Les rituels de préséance font également partie de ce mode de fonctionnement :

> Les rituels de préséance chez les chimpanzés ne touchent pas seulement au pouvoir [...], mais également à l'harmonie. Le mâle alpha arborera une posture impérieuse, le poil hérissé après un impeccable déploiement de force, prêtant à peine attention à des subordonnés prosternés et vocalisant tout leur respect, qui lui embrassent la figure, la poitrine ou les bras (2006 : 80).

Un des invariants participant de la famille des mammifères à laquelle *Homo sapiens* appartient est la grégarité traduite comme suit chez certains primates :

> Très territoriaux, les chimpanzés coopèrent activement à la défense de la zone qu'occupe leur communauté. Les relations intercommunautaires sont tendues et généralement hostiles. Les patrouilles frontalières et les démonstrations d'agressivité sont fréquentes (Chapais, 2015 : 187).

La survie en est le facteur principal à travers quête de ressources alimentaires et reproduction de l'espèce, ce qui a été, dans un premier temps, à l'origine du nomadisme.

> Dans le groupe initial, il y a des hommes qui sont reconnus comme des chefs : ce sont eux qui constituent les noyaux autour desquels les bandes s'agrègent. [...] Le pouvoir politique n'apparaît pas comme un résultat des besoins de la collectivité : c'est le groupe lui-même qui reçoit ses caractères : forme, volume, origine même, du chef potentiel qui lui préexiste (Lévi-Strauss, 1955 : 365).

La réécriture de ce comportement en tant que dominant chez l'être humain se décline de nombreuses manières dont les rituels de politesse. Ainsi, en fonction du rang qui nous est dévolu dans le système, dans le cadre d'envoi de courrier suivi de formules de politesse, y figure, indirectement, l'organisation du pouvoir (tableau 10).

<table>
<tr><th colspan="3">Tableau 10 – Formules de politesse</th></tr>
<tr><th>À un ministre, à un haut fonctionnaire</th><th>À un supérieur</th><th>À un fonctionnaire ou à une relation d'affaires</th></tr>
<tr><td>… l'expression de ma très haute considération.
… l'expression de mes sentiments (très, les plus) respectueux.
… l'assurance de ma très haute considération.
… l'assurance de mes sentiments les plus distingués.</td><td>… l'assurance de ma haute considération.
… l'assurance de ma considération distinguée.
… l'expression de mes sentiments dévoués.</td><td>… mes salutations distinguées.
… mes sincères salutations.
… mes meilleures salutations.
… mes plus cordiales salutations.
… l'expression de mes sentiments les meilleurs.
… l'expression de mes sentiments distingués.
… l'assurance de mes meilleurs sentiments.</td></tr>
<tr><th>Les formules suivantes sont à caractère plus familier</th><th>Formules brèves à caractère administratif</th><th>Formules brèves à caractère personnel ou familier</th></tr>
<tr><td>Recevez, cher Monsieur, l'expression de mes sentiments très cordiaux.
Recevez, chère collègue et amie, l'expression de mes meilleurs sentiments.
Veuillez agréer, cher Monsieur, l'assurance de mes sentiments amicaux.
Je vous prie de croire, cher Monsieur, à mes sentiments les meilleurs</td><td>Meilleures salutations,
Sincères salutations,
Salutations distinguées,
Salutations respectueuses,
Bonne journée.
Bonne fin de journée.
Bonne lecture.
J'attends de vos nouvelles.
D'avance, je vous remercie.</td><td>Salutations cordiales,
Avec nos cordiales salutations,
Cordialement,
Bien cordialement,
Bien à vous,
Amitiés,
Toutes mes amitiés,
Amicalement,
Meilleurs souvenirs,
Affectueux souvenirs,
Mon bon souvenir,
Au revoir,
À bientôt.</td></tr>
<tr><td colspan="3">Formules à caractère très familier
• Avec toute mon affection,
• Grosses bises</td></tr>
<tr><td colspan="3">Source :
https://www.btb.termiumplus.gc.ca/tpv2guides/guides/clefsfp/index-fra.html?lang=fra&lettr=indx_catlog_f&page=9sItSGqits4A.html
Page consultée le 19 avril 2019</td></tr>
</table>

Cette organisation présentée sous la forme d'un organigramme montre une forme de similarité avec la taxinomie mise en place par Carl Linné.

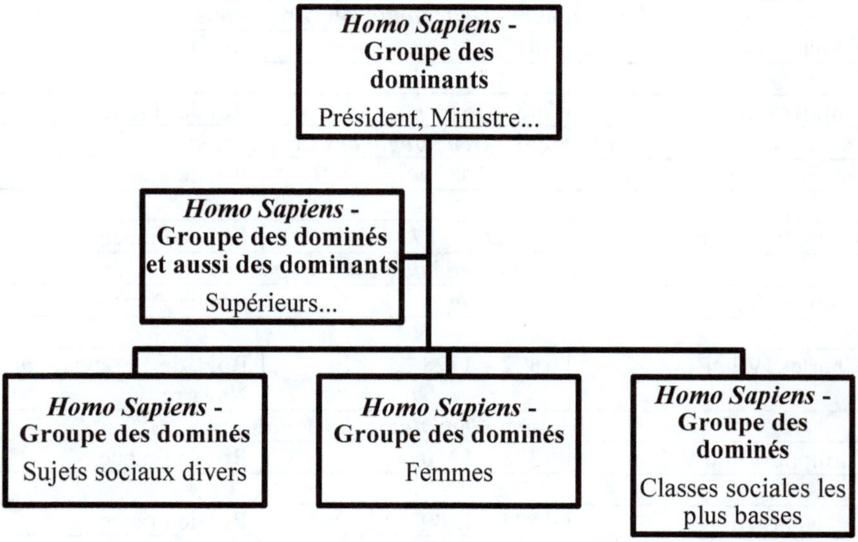

Figure 6 – Organigramme dans le cadre de la domination

Conquérir, puis s'inscrire dans un territoire devenant notre propre territoire, lequel est transmis ensuite aux générations futures qui vont soit le détériorer et le faire disparaître, soit le développer et y inscrire *de facto* d'autres humains dans le cadre de la domination – les royautés en sont une des représentations majeures –, renvoie à l'inscription de l'unité du vivant dans la matière. En effet, dans la microstructure, la gestation en est la représentation. Dans la macrostructure, son ancrage est réalisé en synchronie lors des conquêtes matérielles et/ou symboliques, mais aussi en diachronie par le biais de leur transfert transgénérationnel.

Nous allons exemplifier ce phénomène dans le tableau 11. Y sont inscrits les différents règnes abordés d'un point de vue généalogique, sous la forme d'une synthèse où, dans chaque ligne figure le nom du premier souverain et, dans la ligne suivante, celui du dernier. Ainsi, la généalogie des Mérovingiens couvre un nombre important de générations, alors que celle de Napoléon ne correspond qu'à trois.

Tableau 11 – De la conquête du territoire en synchronie à sa transmission en diachronie dans le cadre des rois de France		
Anthroponyme	***Durée du règne***	***Titre***
Mérovingiens - Généalogie des Mérovingiens		
Clovis Ier	481 – 511	Roi des Francs
↓		
Childéric III	743 – 751	Roi des Francs
Carolingiens - Généalogie des Carolingiens		
Pépin le Bref	751 – 768	Roi de France
↓		
Louis V le Fainéant	986 – 987	Roi de France
Capétiens - Généalogie des Capétiens		
Hugues Capet	987 – 996	Roi de France
↓		
Charles IV le Bel	1322 – 1328	Roi de France et de Navarre
Valois - Généalogie des Valois		
Philippe VI de Valois	1328 – 1350	Roi de France
↓		
Henri III	1574 – 1589	Roi de France
Bourbons - Généalogie des Bourbons		
Henri IV le Grand	1589 – 1610	Roi de France et de Navarre
↓		
Louis XVI	1774 – 1791 1791 – 1792	Roi de France et de Navarre Roi des Français
Premier Empire		
Napoléon Ier	1804 – 1814 et 1815	Empereur des Français
↓		
Napoléon II	1815 - 1815	Empereur des Français
Bourbons (suite)		
Louis XVIII	1814 – 1815 et 1815 – 1824	Roi de France
↓		
Charles X	1824 – 1830	Roi de France
Orléans		
Louis-Philippe Ier	1830 – 1848	Roi des Français
Second Empire		
Napoléon III	1852 – 1870	Empereur des Français
Source : https://fr.geneawiki.com/index.php/Liste_des_rois_de_France – Page consultée le 28 avril 2019.		

À partir d'un article écrit par Vincent Gourdon, agrégé et docteur en histoire, chercheur au CNRS, citons les différentes conquêtes opérées par Clovis, roi des Francs[75] :

> En 481, Clovis, fils de Childéric Ier et petit-fils de Mérovée, devient roi des Francs Saliens.
> En 486, annexion par Clovis du royaume de Syagrius, entre Somme et Loire.
> En 496, victoire de Clovis à Tolbiac contre les Alamans. Date supposée de son adhésion au christianisme romain, solennisée par son baptême à Reims.
> En 507, victoire franque à Vouillé et annexion de la majeure partie du royaume wisigoth de Toulouse.
> En 511, mort de Clovis et partage du royaume entre ses quatre fils Thierry Ier, Clodomir, Childebert Ier et Clotaire Ier.

L'environnement peut également y inscrire la structure groupale qui commence dès la naissance, lors de notre inscription dans le groupe familial ou autre, puis qui s'étendra au-delà. Il en est ainsi des systèmes tribaux qui ne sont qu'une extension de la structure familiale en relation avec le rôle joué par le mâle alpha. L'agrandissement de la population ainsi que la conquête d'autres territoires ouvre sur une réorganisation du système tribal qui, après un certain nombre de transformations du territoire : fief, domaine, comté, seigneurie, royaume et autres, devient alors nation, c'est-à-dire que le partage d'un code génétique ayant des ancêtres communs ne fonctionne plus en tant que détenteur du pouvoir dans le cadre de la structure familiale de base, ou élargie, mais sur des groupes annexes ; la culture ainsi que la langue en usage deviennent alors les facteurs d'adhésion du groupe, même si ce sont les dominants qui gardent le pouvoir.

L'étymologie de l'occurrence : « souverain » est dérivée du bas latin *superanus*, qui vient du latin *super* : sur, au-dessus[76]. Son terme antinomique est « sujet » soit celui « qui est soumis à une autorité souveraine[77] », dérivé du latin classique *subjectus* « soumis, assujetti », ce qui renvoie à l'occurrence « serf » dérivée du latin *servus*, *-i* « esclave[78] ». Ainsi que le stipule Martin :

> Si nous nous penchons à nouveau sur le phénomène de la chosification du sujet social, nous pouvons noter que la valeur négative est fortement liée à la notion de pouvoir. Ainsi l'esclave dénommé « bois d'ébène » en termes de marchandise, est-il considéré comme objet et non comme sujet social, quels que soient les circonstances et les lieux (2009 : 47).

---

[75] https://www.universalis.fr/encyclopedie/merovingiens-reperes-chronologiques/ – Page consultée le 28 avril 2018.
[76] https://www.littre.org/definition/souverain – Page consultée le 27 avril 2019.
[77] http://www.cnrtl.fr/definition/sujet – *Ibid.*
[78] *Ibid.*

Sous le règne de Louis XIV, en 1685, fut édité un ouvrage juridique dénommé : *Le Code Noir*, lequel servait à définir le cadre et les conditions dans lesquels s'opérait la pratique de l'esclavagisme. Dans l'article 44, il y est stipulé :

> Déclarons les esclaves être meubles et comme tels entrer dans la communauté, n'avoir point de suite par hypothèque, se partager également entre les cohéritiers, sans préciput et droit d'aînesse, n'être sujets au douaire coutumier, au retrait féodal et lignager, aux droits féodaux et seigneuriaux, aux formalités des décrets, ni au retranchement des quatre quints, en cas de disposition à cause de mort et testamentaire.

Dans les régimes dictatoriaux, l'ensemble des sujets sociaux sont conditionnés afin de répondre à l'attente du dominant ou du groupe dominant. Cela peut se traduire par le port d'un uniforme par l'ensemble de la population, par des règles où se démarquer du groupe peut entraîner l'emprisonnement, la violence, voire la mort. Des expressions comme « un pour tous, tous pour un » montrent que le groupe n'est pas l'expression d'unités se différant les unes des autres, mais semblables les unes aux autres.

La démocratie dont la racine étymologique grecque renvoie à : « Δημοκρατία, de δῆμος, peuple, et κράτος, autorité[79] », ce qui fait passer le concept de domination réservé à une minorité se l'étant attribué à l'ensemble des unités formant la population concernée. Comme il est mentionné dans un article encyclopédique :

> L'idéal démocratique trouve son origine dans la Grèce antique à l'âge classique (Ve et IVe s. avant J.-C.). Il s'agit alors à la fois d'une philosophie et d'une expérience politique, avec l'exemple d'Athènes : les réformes de Solon, de Pisistrate, de Clisthène ont permis de faire avancer l'édification du système démocratique athénien qu'Éphialtès et Périclès ont par la suite parachevé[80].

Cependant, si une majorité des membres participaient à ce système politique, certains sous-groupes en étaient abstraits :

> Les Grecs ont ainsi posé les premiers jalons de la démocratie politique directe, dans laquelle les citoyens prennent eux-mêmes les décisions concernant la cité (polis). Mais cette forme de démocratie reste limitée : femmes, esclaves et métèques (étrangers résidant à Athènes) ne sont pas considérés comme citoyens […].

---

[79] https://www.littre.org/definition/d%C3%A9mocratie – Page consultée le 30 avril 2019.
[80] https://www.larousse.fr/encyclopedie/divers/d%C3%A9mocratie/41420 – *Ibid.*

Le regard porté par l'être humain sur la notion de pouvoir a évolué avec le temps, ceci par le biais de réflexions nées de penseurs comme Rousseau :

> [...] théoricien de la souveraineté populaire dans *Du contrat social* (1762), [il] se fait l'apôtre de la démocratie directe où chacun des individus composant le peuple est titulaire d'une parcelle du pouvoir, qu'il met en commun, par le contrat social, sous la direction de la volonté générale[81].

Quant à la démocratie représentative, elle est en corrélation indirecte avec le pouvoir détenu par le, ou les dominants. En effet, le jeu politique consiste à se l'approprier, quelle que soit la stratégie utilisée, ce qui nous renvoie indirectement à notre appartenance au groupe des *simiens* et à leur comportement auquel le nôtre est lié.

Revenons à la microstructure. Un gamète est une cellule à fonction reproductrice. Ces cellules sont identiques les unes aux autres, mais se différentient dans le cadre de leur appartenance au groupe des gamètes mâles (spermatozoïdes) ou des gamètes femelles (ovules) chez l'être humain. Chaque gamète porte 23 chromosomes et c'est la fécondation qui va être à l'origine de leur redistribution. Ces cellules sont dupliquées en nombre considérable, cependant aucune ne se différencie des autres. Dans la macrostructure, les phénomènes de foule en sont une représentation : l'un forme le tout et réciproquement.

L'assemblage des 46 chromosomes va alors donner à l'embryon un phénotype qui lui sera spécifique. L'individuation, soit la démarcation de l'unité à l'ensemble en est également la reproduction.

Ces procédures renvoient à l'existence possible d'une matrice fractale commune à la microstructure et à la macrostructure.

Quand le transmetteur de l'ADN s'inscrit en onomastique

Appartenir à une famille correspond d'une part, à l'appartenance à une descendance commune et, d'autre part, à la transmission de son code génétique *via* la reproduction, ce qui s'inscrit à la fois dans un acte personnel, mais aussi dans un acte lié à l'organisation groupale.

---

[81] *Ibid.*

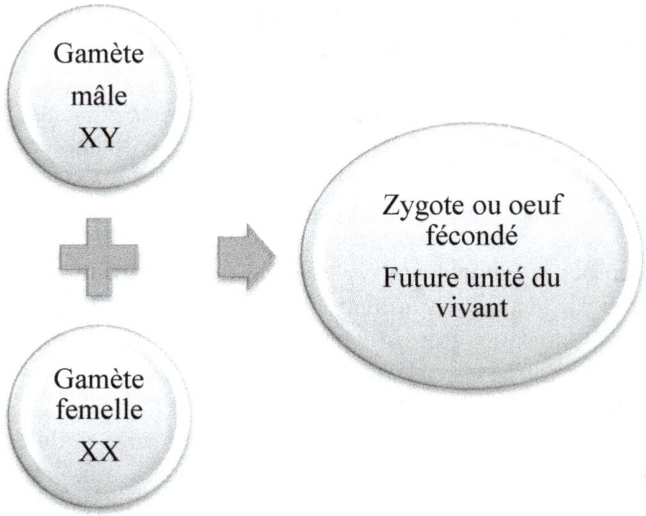

Figure 7 – Du dénominateur commun à l'ensemble de la reproduction sexuée

Redessiner la réalité à travers le langage dans le cadre de la reproduction génétique prend différentes formes de traduction. Ainsi le terme arabe où « Ibn ou Ben est un mot arabe (*ibnou*, أبْن : 'fils [de]', ou plus généralement 'descendant [de]')[82].

Des évènements sociaux comme le mariage montrent une traduction du génotype où dans la tradition :

> [...] c'était le père du jeune homme qui demandait au père de la jeune fille sa main. Les jeunes gens n'étaient alors pas consultés et subissaient ces mariages arrangés qui convenaient aux familles pour des raisons financières le plus souvent. Les filles étaient souvent très jeunes et devaient consentir au mariage afin de fonder une famille tôt et se mettre à l'abri du besoin[83].

Que ce soit à travers sa traduction lexico-sémantique ou des rituels inscrits dans la doxa de la société, cette procédure renvoie à un enregistrement déjà programmé dans la lignée généalogique, à ce qu'il semble.

Le terme « lignée » fait écho à la microstructure d'où nous sommes issus : « Population (d'individus, de cellules, de bactéries) de même espèce, descendant d'un ancêtre commun ou provenant d'une même source[84] ». Il s'agit d'une dimension linéaire. Dans le cadre de son approche lexico-

---

[82] https://fr.wikipedia.org/wiki/Ben – Page consultée le 9 février 2019.
[83] https://www.aufeminin.com/bijoux-mariage/demande-en-mariage-s650836.html – *Ibid.*
[84] http://www.cnrtl.fr/definition/lign%C3%A9e – Page consultée le 30 avril 2019.

sémantique, l'occurrence adjectivale « linéaire » a pour synonyme[85] : « affin » (qui ont un rapport de conformité, de ressemblance ; qui présentent des affinités) ; le terme « affin » est en relation de synonymie avec : « parent » (celui, celle qui appartient à la même famille qu'une autre personne; l'ensemble des membres de la famille), « semblable » (qui a en commun avec une autre/d'autres entité(s) des caractéristiques essentielles, d'aspect ou de nature, au point de pouvoir être considéré comme appartenant au même type), ainsi qu'avec « linéaire » (figure 8) .

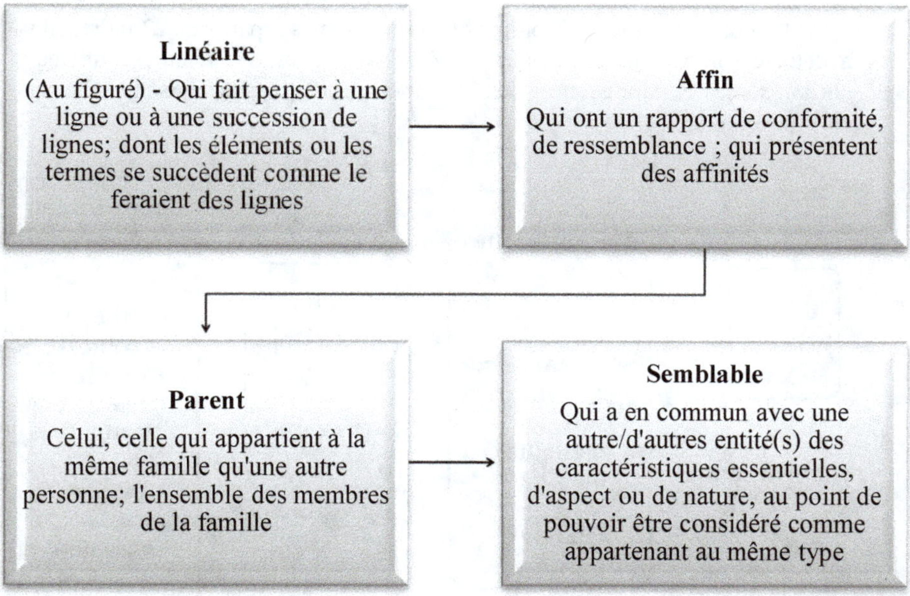

Figure 8 – De l'écriture microstructurale programmée à sa retranscription macrostructurale

Comme nous pouvons le constater, si la structure langagière prend sa source de l'observation à notre échelle, elle la prend également à partir d'un niveau scalaire différent soit, dans ce contexte, à partir de la microstructure d'où nous sommes issus, avec la prise en compte d'informations existantes et mises en relation, mais lesquelles, à notre échelle, ne nous sont pas forcément perçues de manière consciente.

La métaphore comme « passer le flambeau à quelqu'un » (laisser à quelqu'un prendre en main une action déjà commencée) ou les syntagmes nominaux comme une course de relais, une épreuve de relais, une compétition

[85] L'ensemble de ces définitions prennent leur source du site : https://www.cnrtl.fr/ – Page consultée le 2 mai 2019.

de relais, une course à relais (course au cours de laquelle chaque coéquipier effectue une partie du trajet[86]) renvoient indirectement à la génétique et à la généalogie où les mots pôles sont la transmission d'une information (code génétique pour les générations futures) par le biais de la course (vitesse).

Si nous reprenons le mot-pôle : « linéaire » et que nous le mettons en relation avec la base de données constituant le génome à partir des chromosomes[87] XY et XX qui sont des déterminants du sexe de l'unité du vivant inscrite dans le cadre de cette procédure, nous pouvons constater que la règle de linéarité y est bien inscrite.

> Dans l'espèce humaine, qui compte 46 chromosomes répartis en 23 paires, il y a deux chromosomes sexuels, X et Y : les cellules des femmes ont deux chromosomes X, tandis que celles des hommes ont un chromosome X et un chromosome Y[88].

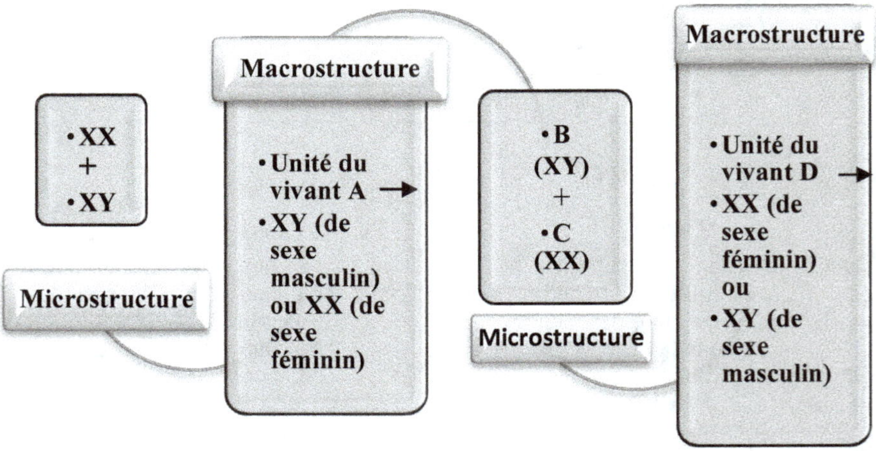

Figure 9 – Linéarité existante et similaire entre microstructure et macrostructure organique

Le transfert sémantique de l'appartenance dans le cadre d'un code génétique commun prend place, symboliquement, dans différentes structures groupales. Il en est ainsi des systèmes religieux. Dans le catholicisme, les religieux prennent le nom de frère et les religieuses, celle de sœur. Le possesseur de

---

86 http://gdt.oqlf.gouv.qc.ca/ficheOqlf.aspx?Id_Fiche=8349334 – Page consultée le 9 mai 2019.

87 Élément du noyau cellulaire, de forme caractéristique et en nombre constant pour une espèce donnée, et considéré comme le support des facteurs héréditaires. https://www.cnrtl.fr/ – Page consultée le 2 mai 2019.

88 https://www.futura-sciences.com/sante/definitions/genetique-chromosome-sexuel-689/ – *Ibid.*

l'autorité s'inscrit dans le terme « père » ; il en est de même pour la femme responsable d'une organisation comme une école, un monastère, etc. où elle est désignée : « mère ». Nous retrouvons cette même configuration dans beaucoup de structures groupales comme frère franc-maçon (un adepte de la franc-maçonnerie), frère rose-croix (initié d'une confrérie secrète et mystique d'Allemagne au début du XVIIe), frères en Jésus-Christ (l'homme considéré en tant que membre de la famille chrétienne), frères d'armes (vieilli) (ceux qui combattent ou ont combattu côte à côte pour une même cause[89]) ; les occurrences synonymiques de cette unité lexicale renvoient à : « religieux, semblable, camarade, moine, parent, égal » pour ne citer que les plus proches d'un point de vue sémantique.

Nous retrouvons cette même configuration avec l'unité lexicale « sœur » dont le sens figuré renvoie à : « Personne ou chose liée à une autre par des rapports de ressemblance physique ou morale, de filiation matérielle ou spirituelle, de chronologie, de situation, etc. ». Dans l'histoire, « les Rois et les Reines de la Chrétienté se traitent de Frères et de Sœurs en s'écrivant[90] ». Les syntagmes nominaux comme sœur tourière (sœur qui remplit la fonction de portière), sœur de charité (personne qui se dévoue au service d'autrui) en sont également une représentation.

L'occurrence lexico-sémantique « père » renvoie à : « Ce qui est la source, l'origine ». Par extension à : « Celui qui est à l'origine d'une longue suite de descendants, d'une race, d'une nation ou d'un ensemble de nations ». Nous pouvons noter une analogie entre microstructure et macrostructure où le gagnant obtient *de facto* la première place : gamète mâle, mâle dominant, ce qui se traduit en politique, à l'époque romaine, par : Pères conscrits (sénateurs romains), Père de la patrie (porté ensuite par Auguste et de nombreux empereurs).

Si l'unité lexicale « mère » recouvre le sens de : « Femme qui a mis au monde, élève ou a élevé un ou plusieurs enfants », elle fait écho en religion à « la mère de Dieu, la vierge mère ». Symboliquement, elle renvoie à : « Celle, ce qui est à l'origine des êtres ou des choses » avec mère Nature, ou des déesses liées à la fécondité : Astarté, Cybèle, Isis, mais aussi à la patrie d'origine (mère-patrie).

L'unité lexicale : « famille » dont le sens renvoie à : « Groupe constitué par des familles (branches) et des individus apparentés par des alliances, par le sang, descendant d'ancêtres communs[91] » intègre des syntagmes nominaux comme : famille artistique, intellectuelle, politique, familles d'industries, famille de mots, famille instrumentale, d'accords, de voix, famille des sciences

[89] L'ensemble des occurrences citées dans ce paragraphe et les suivants prennent leur source du site : https://www.cnrtl.fr/ – *Ibid.*

[90] https://www.cnrtl.fr/definition/soeur/substantif – *Ibid.*

[91] https://www.cnrtl.fr/definition/famille – *Ibid.*

historiques, famille de l'uranium, du thorium, famille radioactive, etc. L'ensemble des occurrences citées réfèrent à « [un] ensemble constitué par des choses apparentées en raison de leurs similitudes formelles[92] ».

Comme nous pouvons le constater, l'intégration du terme « famille » dans les syntagmes nominaux mentionnés ci-dessus renvoie indirectement à la microstructure, laquelle est alors retraduite sous une autre forme dans la macrostructure. Ce constat réfère à nouveau à je dénomme une matrice fractale en ce qui concerne le contenant (répétition d'un mode opératoire similaire d'une échelle à une autre), mais non au niveau du contenu (lignée généalogique et familles symboliques ou représentatives diverses).

Dans les régimes dictatoriaux, cette réécriture lexico-sémantique est bien plus importante comme nous pouvons le voir dans le tableau 12.

Tableau 12 – De la traduction anthroponymique de la microstructure dans le cadre de l'idéologie

Anthroponymes	***Surnoms représentatifs***	***Microstructure***	***Macrostructure***
Saloth Sar, *alias* Pol Pot (1925 – 1998) Cambodge	***Frère** numéro un*	**Code génétique commun à l'ensemble d'un groupe**	Lignée symbolique inscrite dans la synchronicité et traduite par un représentant de l'ensemble du groupe
Mao Tsé-Toung (1893 – 1976) Chine	*Le Grand Timonier*	**Celui qui dirige, qui est le gagnant**	Reproduction similaire sous une forme dictatoriale
Nicolae Ceauşescu (1918 – 1989) Roumanie	*Conducator* (dirigeant)	**Celui qui dirige, qui est le gagnant**	Reproduction similaire sous une forme dictatoriale
Joseph Djougatchvili (1878 - 1953) Russie	Staline (homme d'acier en russe) *Le petit **père** des peuples*	Indirectement, **le géniteur**	Porteur symbolique de la lignée généalogique de l'ensemble d'un peuple

Il semblerait qu'une forme de programmation existante dans la microstructure soit réactivée dans la macrostructure lorsque les mêmes paramètres sont activés comme nous allons le voir.

---

92 L'ensemble de ces références est consultable sur le site : https://www.cnrtl.fr/definition/famille – *Ibid.*

Si nous mettons en corrélation la dictature avec le phénomène des foules, nous constatons que le pouvoir est détenu par une minorité (une ou plusieurs personnes) et qu'il est imposé *de facto* à la majorité, soit à la structure sociale. Afin que le dominant se démarque de façon notoire de l'ensemble, des règles strictes sont imposées : uniformes portés par tel sous-groupe, libre arbitre rejeté, dénonciations encouragées… Si l'ensemble ne fonctionne pas comme exigé, les camps d'enfermement, les prisons, la torture et la mort activeront le champ émotionnel de la peur, ce qui inscrira l'ensemble des citoyens dans un formatage où chacun devient « un être collectif, ayant une unité psychologique et sociale, des caractères propres[93] ».

Très singulièrement, une étude de l'ensemble des paramètres participant de ce processus montre qu'ils s'inscrivent dans un algorithme, configuration dont la signification est la suivante :

> Ensemble de règles opératoires dont l'application permet de résoudre un problème énoncé au moyen d'un nombre fini d'opérations. Un algorithme peut être traduit, grâce à un langage de programmation, en un programme exécutable par un ordinateur[94].

Il existe trois types d'algorithmes classés en fonction de leur structure[95] :

> 1. **Séquence :** Ce type d'algorithme se caractérise par une série d'étapes, et chaque étape sera exécutée l'une après l'autre.
> 2. **Branchement :** Ce type d'algorithme est représenté par les problèmes « si ». Si une condition est vraie, la sortie sera A, si la condition est fausse, la sortie sera B. Ce type d'algorithme est également appelé « type de sélection ».
> 3. **Boucle :** Pour ce type, le processus peut être exécuté à plusieurs reprises sous une certaine condition. Il est représenté par des problèmes « oui » et « non ». Mais assurez-vous que le processus se terminera après un certain nombre de boucles sous la condition. Ce type d'algorithme est également appelé « type de répétition ».
>
> (*Source : https://www.edrawsoft.com/fr/algorithm-definition.php*)

Dans le cas de figure étudié, il intègre celui du branchement, appelé « type de sélection » (figure 10).

Son décryptage montre qu'il est composé de deux paramètres : le paramètre 1 correspond au nombre important d'unités formant un groupe, le paramètre 2 correspond au groupe composé d'unités semblables ; l'objectif à atteindre est la place occupée dans le groupe par son représentant, ce qui correspond à l'unité alpha. Si l'un des deux paramètres n'est pas activé, l'objectif n'est pas atteint.

---

[93] https://www.cnrtl.fr/definition/foule – Page consultée le 3 mai 2019.
[94] https://www.larousse.fr/dictionnaires/francais/algorithme/2238 – *Ibid.*
[95] *Ibid.*

Au niveau de la macrostructure, ce processus renvoie aux systèmes dictatoriaux. En effet, avec l'activation du paramètre 1, ce sont des groupes importants qui vont y adhérer : des pays l'ayant vécu comme le Cambodge avec Pol Pot, la Chine avec Mao Tsé-Toung, la Roumanie avec Nicolae Ceauşescu et la Russie avec Staline en sont des exemples. Les dirigeants, considérés comme des mâles alpha, ce qui fait écho au comportement des primates, ordre auquel nous appartenons, deviennent alors le phénotype existant en tant que tel, tandis que les autres membres du groupe sont réduits à n'être que des automates dont l'aspect extérieur est effacé : la veste de Mao devint le « [...] symbole de l'uniformisation de masses chinoises sur fond de pratiques régimentaires[96] [..] » (Hourmant : 2014) ; ainsi que le précise ce chercheur :

> L'entreprise de normalisation des apparences s'attacha à faire disparaître les vêtements ostentatoires, témoins d'une époque révolue, ainsi que les bijoux et les maquillages féminins. Les coiffures jugées peu orthodoxes furent la cible de cette politique[97].

Qu'ils correspondent à la tenue portée par les hommes d'une même unité militaire ou pour exercer certaines activités dans la société civile, les uniformes sont une manière d'effacer l'appartenance de chaque individu à son phénotype et de l'intégrer, symboliquement, dans le génotype, lequel correspond à l'ensemble des caractéristiques reçu par un individu ou une espèce dans le cadre de la transmission héréditaire.

Dans ce cas de figure, l'appartenance peut s'inscrire dans une idéologie, mais aussi dans une organisation politique, commerciale ou industrielle dont la structure est articulée autour d'un symbole représentationnel : compagnies aériennes avec des tenues portées par le personnel et y faisant allusion, sectes ou religions représentées par des objets comme une croix, une calotte...

---

[96] HOURMANT, François, « La Longue Marche de la veste Mao. Révolution des apparences et apparences de la Révolution », *Vingtième Siècle, Revue d'histoire*, 2014/1 (N° 121), p. 113-131. DOI : 10.3917/ving.121.0113. URL : https://www.cairn.info/revue-vingtieme-siecle-revue-d-histoire-2014-1-page-113.htm – Page consultée le 4 mai 2019.
[97] *Ibid.*

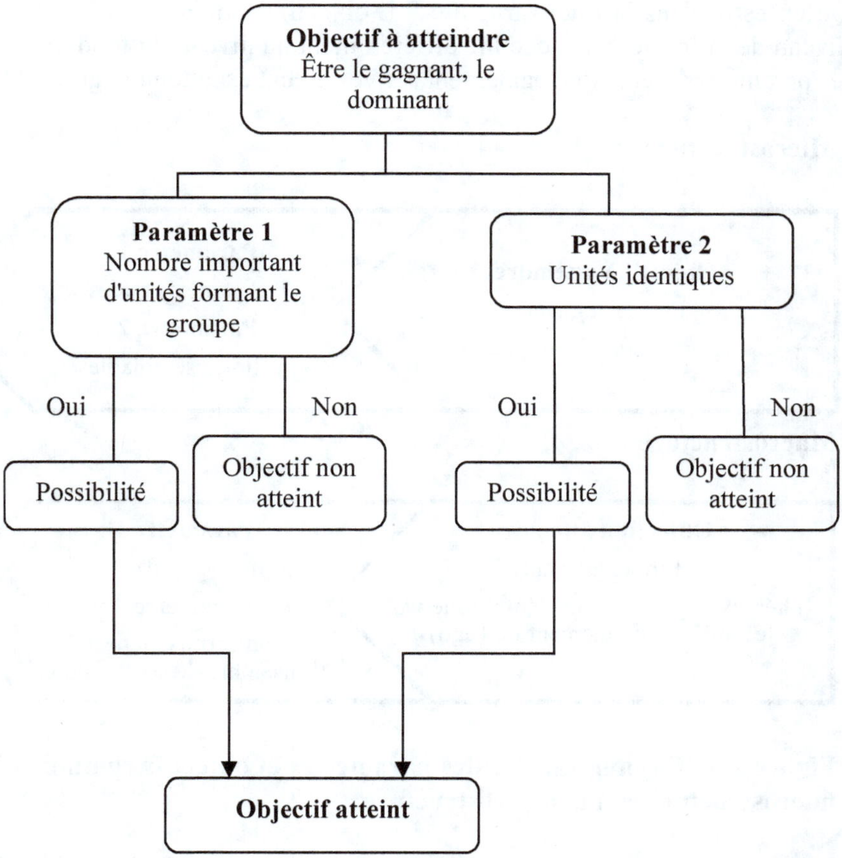

Figure 10 – Organigramme de l'algorithme inscrit en microstructure et en macrostructure

Les syntagmes nominaux ou verbaux comme : « un bain de foule », « se fondre, se perdre, disparaître dans », « lutter comme un seul homme », « un corps collectif », « un corps social », « l'homme-masse », « l'inconscient collectif », « une marée humaine » renvoient au trope, appelé « métaphore », lequel est une façon de retranscrire un concept ou une notion sous une forme plus accessible, soit une image.

L'analyse étymologique des unités lexicales en relation avec cette procédure montre qu'ils prennent leur construction à partir d'un champ commun, soit une unité principale composée d'un ensemble d'unités considérées comme similaires.

Qu’en est-il dans la microstructure ? L’objectif à atteindre est le même au niveau de la forme, mais décliné différemment au niveau du fond, et lorsque les paramètres 1 et 2 sont également activés, le but est atteint (figure 11).

Microstructure

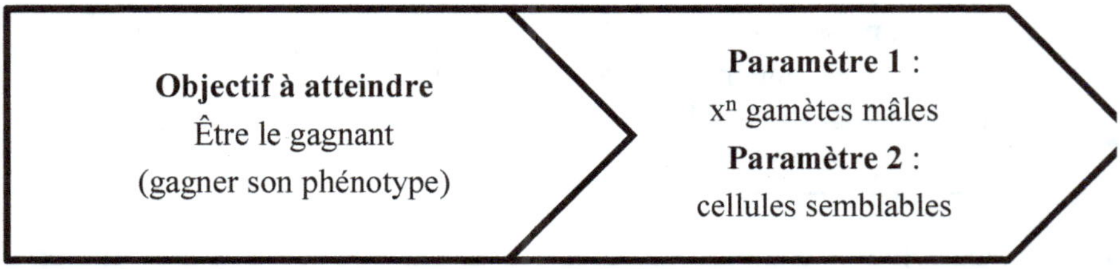

Macrostructure

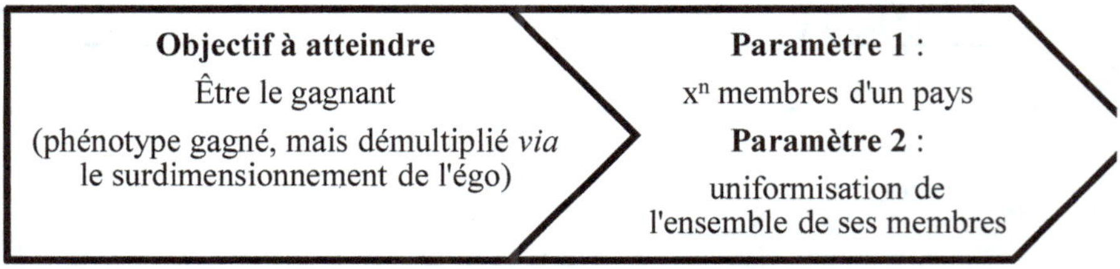

Figure 11 – Organigramme des paramètres et objectifs communs à la microstructure et à la macrostructure

Il semblerait donc qu’il s’agisse d’un même algorithme fonctionnant de façon similaire dès que les deux paramètres sont activés, et ceci tant au sein de la microstructure qu’à celui de la macrostructure. Programme informatique inscrit dans le soubassement du vivant et prenant place à notre échelle ? Le passage d’une réalité à une autre sous une même forme, mais à des niveaux d’échelle différents, renvoient singulièrement à ce que je traduis par le syntagme nominal : « matrice fractale ».

1.3. Du décryptage du Réel à travers langage et conscientisation

« Tout ce qui existe dans l'Univers, disait le philosophe grec Démocrite, est le fruit du hasard et de la nécessité[98]. » Et si une forme de programmation, inscrite en amont de la perception que nous en avons, donnait corps à l'ensemble de ce qui existe précisément dans l'Univers ?

L'observation des objets du Réel participe du champ de l'instinct au sein duquel la survie est programmée : « survivre à tout prix » en est l'assise. Chez l'être humain, cette procédure s'inscrit dans le langage corrélé à ses différentes fonctions cognitives, ce qui lui permet d'en faire un décryptage beaucoup plus sophistiqué. Cependant, chez des primates, comme les macaques japonais, la reproduction comportementale à partir d'un évènement observé par un des membres du groupe leur permet d'enrichir leur mode de fonctionnement avec la mise en place d'une forme de culture de base, traduite différemment selon certains de ses membres ; elle est alors appelée « protoculture » [99] :

> « Les singes se baignant dans les onsen (bains chauds) à Jigokudani ont commencé à agir ainsi après avoir observé les humains le faire dans les années 60 », explique Cédric Sueur, l'un des deux éthologues ayant participé à la mission. Il raconte ensuite d'autres comportements observés chez les macaques japonais comme les singes de Kojima qui lavent les patates douces dans l'eau de mer et séparent les grains de blé du sable en les plongeant dans un peu d'eau. Des comportements qui se sont peu à peu transmis de singe en singe, avec quelques variations selon les individus (une protoculture).

Dans une étude articulée autour de la naissance de la socialité chez les êtres humains, Couture Poulin[100] précise :

> L'idée d'une protoculture est appuyée sur le savoir acquis depuis les années 50, à savoir l'observation de techniques élaborées pour se nourrir, la présence d'une socialisation des membres du groupe, de leur enfance jusqu'à l'âge adulte, et le transfert intergénérationnel de techniques par imitation. Ainsi, bien avant l'homme, d'autres espèces ont utilisé des outils et ont créé de nouveaux objets en le détournant de sa fonction première. Mais plus encore, les techniques utilisées par les simiens diffèrent d'un groupe à l'autre et leurs distributions

[98] http://www.cemhti.cnrs-orleans.fr/People/textes/Documents%20Yann%20Vaills/Le%20Hasard.doc

[99] https://www.sciencesetavenir.fr/animaux/grands-mammiferes/saru-les-singes-du-japon-la-culture-animale-en-photos_107718 – Page consultée le 5 mai 2019.

[100] https://corpus.ulaval.ca/jspui/handle/20.500.11794/20191 – Page consultée le 6 mai 2019.

géographiques sont déterminées, en grande partie, par les obstacles naturels (2008 : 76).

Inscrit dans un biotope dont la richesse en dépasse l'entendement, l'*Homo sapiens*, à travers repérage, connaissance, reconnaissance, analyse et décodage d'un objet donné, a ouvert sur une évolution de ses capacités cognitives. Prenons l'exemple de la masse d'air se déplaçant, traduite par le vent décliné en intensité différente allant de la brise à la tempête. La météorologie en a décrypté le fonctionnement :

> L'histoire de la météorologie remonte à l'Antiquité. Mais la météorologie scientifique est née au XVIIe siècle avec les premiers instruments de mesure, en particulier le baromètre et le thermomètre. La démarche scientifique a peu à peu permis de définir les grandeurs physiques fondamentales de l'atmosphère et de découvrir les lois qui les régissent[101].

L'observation de ces phénomènes naturels par l'*Homo sapiens* à une époque où le fonctionnement de l'objet observé s'inscrivait encore dans l'interrogation a donné naissance à différentes déités. Les quatre divinités des vents dans la mythologie grecque en sont une des illustrations : « Quatre êtres se partageaient l'empire des vents, tous quatre fils d'Éos, l'aurore, et d'Astrœos, le ciel étoilé ; ils s'appelaient : *Borée*, le vent du nord ; *Zéphyre*, le vent d'ouest ; *Euros*, le vent d'est ; *Notos*, le vent du sud » (Guirand & Schmidt, 1996 : 191).

Le soleil en est aussi un exemple. Observée sans être décryptée pour autant par les babouins hamadryas, comme nous l'avions mentionné précédemment, cette étoile naine jaune n'a pu être décodée comme astre que tardivement : « Bien qu'il fallût attendre le XVIIe siècle pour que les astronomes s'en rendent finalement compte, le Soleil n'est pas un astre particulier de l'Univers, mais simplement une étoile comme les autres[102] ».

L'interrogation dans un contexte plus avancé que celui de la protoculture est à l'origine du dieu Hélios dans la mythologie grecque (soleil) ; les orages ont donné naissance aux dieux de la foudre dans les différentes mythologies et se nomment Zeus (mythologie grecque), Thor (mythologie scandinave), Indra (mythologie en Inde), Chac (mythologie chez les Mayas) ...

Si le repérage est lié à la localisation quand il s'agit de déplacement ou de protection de l'espèce animale au sein de la protoculture notamment, l'évolution de la conscience a ouvert sur une excentration de l'objet analysé ce qui en a permis une vision synoptique.

---

[101] http://www.meteofrance.fr/nous-connaitre/decouvrir-la-meteorologie/notre-histoire – *Ibid.*
[102] https://www.astronomes.com/le-soleil-et-les-etoiles/soleil – *Ibid.*

1.3.1. Et le Verbe fut… ou la construction langagière analysée à l'aune de l'avancée de la science

L'unité lexicale « mot » est dérivée « du latin *muttum*, mot, grognement, *muttire*, grogner, murmurer[103] », ce qui fait écho, indirectement, à notre appartenance au groupe des primates et à nos origines où le verbe n'était que grognements. Et c'est à partir de l'évolution de notre outil langagier que nous avons pu commencer à décoder notre univers, que ce soit au niveau de ses structures microscopiques que macroscopiques, bien qu'il en reste encore une quantité extraordinaire à déchiffrer.

L'évolution de la recherche en corrélation avec les découvertes annoncées ou avérées est à l'origine d'une modification du contenu des champs sémantiques au sein duquel est intégré l'objet concerné. Pour mémoire, un champ sémantique correspond à l'ensemble « des mots, des notions se rapportant à un même domaine conceptuel ou psychologique[104] ». Prenons comme exemple le champ sémantique de la locomotion : en 1835, le sens donné à ce terme était : « changement de lieu en vertu de la faculté locomotive » (*Dictionnaire de l'Académie française*, 1835 : 3461 [105]). Actuellement, ce mot signifie : « faculté qu'ont certains êtres vivants de se mouvoir », par extension : « action de se déplacer d'un lieu à un autre » et par métonymie : « ce qui permet de voyager[106] ». De la chaise à porteurs à la fusée Ariane, un des lanceurs civils européens de satellites, les moyens de locomotion sont multiples tout en possédant un dénominateur commun : l'art du déplacement.

Si l'apport de la technologie, appuyée par la science, intègre aux champs de signification des unités lexicales nouvelles, il arrive également que des liens nouveaux soient établis entre des objets du monde appartenant à des champs sémantiques différents, et parfois hermétiques. Qu'en est-il de l'âme et du corps, instances duelles qui ont toujours participé de l'image de l'être humain ?

Les découvertes du fonctionnement de la psyché humaine par Freud ont ouvert un champ exploratoire très vaste. Ainsi des termes comme « inconscient », « Moi » et « Surmoi » ont rejoint le champ sémantique de la psychologie dont la définition, en 1835, était la suivante : « Partie de la philosophie qui traite de l'âme, de ses facultés et de ses opérations » (*Dictionnaire de l'Académie française*, 1835 : 4735), on note donc que l'hyperonyme (terme dont le sens inclut celui d'un ou de plusieurs autres) de ce champ sémantique est l'âme.

---

[103] https://www.littre.org/definition/mot
[104] https://www.cnrtl.fr/definition/s%C3%A9mantique – *Ibid.*
[105] https://gallica.bnf.fr/ark:/12148/bpt6k50407h.texteImage
[106] https://www.cnrtl.fr/definition/locomotion – *Ibid.*

Qu'en est-il dans des éditions dictionnairiques plus récentes ? Il y est noté la référence précitée avec la mention : « vieilli », puis une nouvelle approche de cette science : « Science de la vie mentale, des données de conscience, des facultés et des opérations de l'esprit ». Dans ce dernier cas de figure, le « nœud » sémantique est « vie mentale ». Le tableau 13 synthétise cette évolution à la fois sémantique et terminologique.

Tableau 13 – De l'âme à la vie mentale	
Psychologie (définition)	
1835 : Partie de la philosophie qui traite de l'âme, de ses facultés et de ses opérations (p. 4735).	2019 : Science qui étudie les faits psychiques. http://www.cnrtl.fr/definition/psychologie
Unités lexicales définitoires (1835)	***Unités lexicales définitoires (2019)***
• âme • faculté • opération	• science • étude • faits psychiques
Champ sémantique : philosophie	
1835 : Science qui a pour objet la connaissance des choses physiques et morales par leurs causes et par leurs effets ; étude de la nature et de la morale (p. 4359).	2013 : Ensemble des méthodes, des principes fondamentaux permettant la pratique raisonnée d'une science (http://atilf.atilf.fr/).
Champ sémantique : science	
1835 : Signifie particulièrement — ensemble, système de connaissances sur quelque matière (p. 5340).	2013 : Connaissance approfondie des choses dans ce qu'elles sont (http://atilf.atilf.fr/).

L'évolution de la science montre donc que des domaines séparés, voire de manière rédhibitoire, sont alors appréhendés de manière différente comme, par exemple, l'âme et le corps, deux entités considérées comme non miscibles.

Les apports de Darwin sur l'évolution des espèces animales, dont l'homme, ont modifié les champs sémantiques dans lesquels ce terme était intégré. Comme le souligne ce chercheur à propos de la sélection naturelle et de l'évolution qu'elle implique :

> Dans l'hypothèse que les espèces ne sont que des variétés bien accusées et permanentes, et que chacune d'elles a d'abord existé sous forme de variété, il est facile de comprendre pourquoi on ne peut tirer aucune ligne de démarcation entre l'espèce qu'on attribue ordinairement à des actes spéciaux de création, et la variété qu'on reconnaît avoir été produite en vertu de lois secondaires (1896 : 655).

Ainsi l'homme est-il considéré comme appartenant à la famille des primates supérieurs, les hominidés.

L'introduction de la différentiation entre variété et espèce sur la base des critères définis par Darwin, ouvre sur une extension du paradigme figé d'espèces données vers un paradigme, dont les éléments le formant deviennent alors des variables modifiables.

Si nous procédons à une lecture diachronique du terme « homme », nous obtenons des résultats forts divers. En 1835, la lecture de ce terme renvoie à la définition suivante : « Animal raisonnable, être formé d'un corps et d'une âme. Dans ce sens, il se dit en parlant de l'un et de l'autre sexe, et on l'emploie souvent au singulier pour désigner l'espèce humaine en général » (*Dictionnaire de l'Académie française*, 1835 : 2979) ; ce même terme consulté dans un dictionnaire récent, s'il montre des similitudes avec la définition précitée, met aussi en valeur une autre approche de l'anthropien :

> Être appartenant à l'espèce animale la plus développée, sans considération de sexe. Mammifère de l'ordre des Primates, seule espèce vivante des Hominidés, caractérisé par son cerveau volumineux, sa station verticale, ses mains préhensiles et par une intelligence douée de facultés d'abstraction, de généralisation, et capable d'engendrer le langage articulé[107].

Tableau 14 – De la création divine à *anthropos*	
Homme (définition)	
1835 : Animal raisonnable, être formé d'un corps et d'une âme.	2019 : Mammifère de l'ordre des Primates http://www.cnrtl.fr/definition/homme
Unités lexicales définitoires (1835)	***Unités lexicales définitoires (2019)***
• animal • raison • corps • âme	• mammifère • primate • cerveau volumineux • station verticale • mains préhensibles • . facultés d'abstraction, de généralisation • langage articulé

La recherche approfondie en matière d'anthropologie et de biologie, pour ne citer que ces deux sciences, a permis d'appréhender l'homme sous une perspective beaucoup plus complexe ; cette approche se traduit par

[107] https://www.cnrtl.fr/definition/homme – *Ibid.*

l'utilisation d'un champ paradigmatique composé de termes spécifiques (mammifère, primate...) en place d'un lexique renvoyant à des significations plus générales (âme, animal…).

Les découvertes récentes en termes de physique quantique ou de cosmologie ont ouvert de nouveaux champs sémantiques au sein desquels des unités lexicales usuelles comme « singularité » et « initiale » ont donné la locution « Singularité initiale » qui « constitue un bord temporel, situé à une durée passée finie » (Jean-Pierre Luminet, astrophysicien, observatoire Paris, Meudon) ou encore la locution « trous de vers », qui dans nos usages renvoient à des évènements on ne peut plus banals, mais, qui, replacés dans le paradigme de la physique quantique, réfère à la théorie éponyme édifiée par Stephen Hawking.

1.3.2. De la pensée analogique liée à l'inconnu

La reconnaissance de soi dans le miroir, liée au langage chez l'*Homo sapiens*, est à l'origine de la création de l'identité traduite en anthroponymie. « Reconnaître » est un syntagme verbal qui renvoie au repérage ; l'unité verbale « connaître » a pour sens : « […] être informé de et/ou sur l'existence ou la nature de quelque chose[108] », information qui s'inscrira dans la base de données mémorielle de l'observateur. En effet, toute unité du vivant traduit son environnement à partir de différents objets, vivants ou inertes, qui vont en former les points de repère. Chez l'être humain, le repérage prendra sa source de l'observation liée à la pensée analogique, l'ensemble inscrit dans son champ mémoriel. Ainsi, dans la petite enfance, les contacts avec la parentèle proche feront partie des premiers éléments de repérage. Qu'en est-il quand l'inconnu n'intègre aucun substrat mémoriel de repérage ou de reconnaissance ?

La mise en relation entre connu et inconnu va faire appel à une procédure cognitive de type itératif. Je vais citer un extrait d'un roman de Tournier qui illustre parfaitement ce phénomène. Interpréter la nature des objets du monde afin de les inscrire dans notre paradigme mémoriel est corrélé à la création de structures cohérentes participant de notre environnement, ceci afin de pouvoir se repérer. Ces structures peuvent être déjà existantes dans le substrat mémoriel et linguistique de l'observateur. Ainsi dans l'ouvrage : *Vendredi ou les limbes du Pacifique*, l'auteur procède à une analyse de la démarche cognitive engagée par le héros :

> […] aussi songea-t-il à une souche à peine plus bizarre que d'autres lorsqu'il distingua, à une centaine de pas, une silhouette immobile qui ressemblait à

[108] https://www.cnrtl.fr/definition/conna%C3%AEtre – Page consultée le 6 septembre 2020.

celle d'un mouton ou d'un gros chevreuil. Mais peu à peu l'objet se transforma dans la pénombre verte en une sorte de bouc sauvage, au poil très long » (1967 : 16) (tableau 15).

Tableau 15 – Démarche cognitive de la nomination de l'objet découvert par *Robinson*

Champs lexicaux	**Champ lexical du monde végétal**	**Champ lexical du dessin**	**Champ lexical des mammifères**
Interprétation de l'objet	***Première interprétation***	***Deuxième interprétation***	***Troisième, quatrième, et cinquième interprétation***
Syntagmes actualisés entre l'objet anticipé et l'objet réel	Souche (objet inanimé)	Silhouette (objet intermédiaire entre inanimé et animé)	- mouton - chevreuil - une sorte de bouc sauvage, au poil très long

Martin, *in* Otazky Zurnalistiky, 2012 : 11.

S'interroger sur un évènement ou un objet inconnu apparaissant dans notre environnement va donc activer la procédure cognitive liée à la pensée analogique. L'observateur tentera un décodage en référant à quelque chose de connu et de similaire comme nous venons de le voir dans cet extrait.

Si un grand nombre d'interrogations ont trouvé leur réponse grâce à l'évolution des technologies et à l'avancée scientifique, certaines n'ont pas encore été élucidées. Il en est ainsi de la vie et de la mort (tableau 16).

Tableau 16 – De l'interrogation sur l'existence du monde du vivant			
Le facteur temps et son déroulement			
En amont ***Ce qui n'est pas encore décodé***	**Période temporelle** ***De l'évolution des unités du vivant dans le paradigme de la matière***		**En aval** ***Interrogation sans réponse validée***
Origine inconnue du monde du vivant	Microstructure : *code génétique*	Macrostructure : *phénotype réalisé Enfance → Âge adulte → Vieillesse → Disparition de l'unité du vivant*	Qu'en est-il de la conscience ?

Dans le cadre d'une étude très intéressante, relative à la pensée analogique, les chercheurs Hofstadter & Sander spécifient :

> Nous voulons dire par là que chaque concept qui est présent dans notre esprit doit son existence à une immense suite d'analogies élaborées inconsciemment au fil du temps, lui donnant naissance et continuant notre vie entière à l'enrichir. De surcroît, nos concepts sont sélectivement évoqués à tout moment par les analogies qu'établit sans cesse notre cerveau afin d'interpréter ce qui est nouveau et inconnu dans des termes anciens et connus (2013 : 9).

Si le décryptage du code génétique de nombre d'unités du vivant a permis à de nombreux chercheurs d'en comprendre le fonctionnement, son origine reste encore inscrite dans le champ de l'inconnu, renvoyant à l'interrogation liée, bien souvent, à l'instinct. En effet, au niveau 1 de la pyramide de Maslow, les unités du vivant s'interrogent toujours sur l'inconnu qui peut jouer le rôle de prédateur.

En ce qui concerne l'*Homo sapiens*, cette interrogation va faire appel à la pensée analogique corrélée à la base de données mémorielle, base de données dont la source peut être également liée à l'inconscient. Au niveau de nos origines, la souche que nous connaissons est d'origine biologique : père et mère, ce qui se traduit dans les religions par notre Père, Dieu le Père. Ainsi le symbole « caverne » renvoie à la matrice maternelle (Chevalier & Gheerbrant, 1969 : 180). Croyances et mythologies en sont riches d'exemples. Prenons celui d'Adam. Ainsi que le stipulent ces chercheurs :

> Adam symbolise le **premier** homme et l'**image de Dieu**. […] De là découlent ces autres innovations dans l'univers : la conscience, la raison, la liberté, la responsabilité, l'autonomie, tous privilèges de l'esprit, mais d'un esprit

incarné, donc seulement à l'*image de Dieu*, et non pas identique à Dieu (*ibid.* : 7).

Si s'interroger sur l'origine de notre existence renvoie à la lignée familiale, elle ouvre une interrogation sur l'origine de l'être humain et, indirectement, de la vie. Dans ce cas de figure, l'inconnu lié à la pensée analogique sera à l'origine de la construction symbolique du créateur et de l'objet créé, ici, Adam. Très singulièrement, la mise en relation inconsciente entre notre appartenance au groupe des primates corrélée à des comportements similaires, comme celui du mâle dominant chez les chimpanzés, fait écho à ce qui est précisé dans ce dictionnaire : « C'est pour avoir voulu **s'identifier** à Dieu qu'Adam est devenu le **premier** aussi dans la **faute** avec toutes les conséquences que cette **primauté** dans le **péché** peut entraîner pour sa **descendance** » (*ibid.* : 8). Ce phénomène est donc traduit par des comportements similaires, mais retraduits quelque peu différemment chez l'être humain. Ainsi que le mentionne Chapais, anthropologue :

> Dans un rapport de dominance typique chez deux individus, le dominant peut s'accaparer les ressources au détriment du subordonné sans qu'il lui en coûte ; le subordonné ne dispose d'aucun levier pour amener le dominant le dominant à partager (2015 : 211).

Inscrite dans le langage, cette traduction correspond au statut de leadership : « Le statut de dominance chez les primates est issu d'un processus de compétition et exprime la puissance physique relative, alors que le statut de compétence chez l'humain résulte d'un processus de coopération et se fonde sur le prestige » (*ibid.* : 291). Dans ce cas de figure, Dieu joue le rôle de leadership, tandis qu'Adam joue celui d'un dominé ayant voulu prendre le rôle de dominant ; mais l'ayant perdu, il en subira des conséquences importantes inscrites dans le temps à travers sa reproduction génétique.

Il s'agit donc d'un phénomène renvoyant au chef de tribu ayant tout pouvoir sur ses congénères, pour ne citer que ce type d'amorçage lors de la configuration des sociétés humaines ; la polygamie en est une des composantes. Ces structures comportementales prennent leur source de notre appartenance à l'ordre des primates. Il en est ainsi du mariage symbolique avec Jésus-Christ, quant à la virginité, elle renvoie à la gestion de la reproduction par les mâles dominants, gestion traduite par divers tabous et interdits.

> Les vierges consacrées sont en quelque sorte des religieuses hors les murs, c'est-à-dire qu'elles font le choix de rester chastes, comme leur nom l'indique, et de vivre une vie ponctuée par les prières sans toutefois entrer dans un couvent.

> Au contraire, officiellement consacrées par l'Église au cours d'une cérémonie qui balance entre le rite d'ordination et le sacrement du mariage, elles épousent symboliquement Jésus-Christ, mais connaissent pour l'essentiel un quotidien classique[109].

Dans le cadre du rôle joué par le dominant, ce dernier peut s'attribuer le statut de représentant du créateur, voire même de celui de créateur sous version incarnée, ce qui renvoie à la mise en place de sectes où le dominant devient un prophète porteur d'une vérité s'adaptant à ses propres désirs, ou à ses projections conscientes ou inconscientes.

Toujours en relation avec nos racines biologiques liées à la microstructure, l'explication de l'origine de la vie, mais aussi de notre univers a fait appel à nombre de similarités liées aux connaissances que l'*Homo sapiens* a pu acquérir sur son environnement. Afin de concrétiser ce propos, nous allons mettre en relation l'époque polythéiste grecque et romaine et la construction de différentes déités en référant à un dictionnaire de la mythologie dont Schmidt en est l'auteur.

En relation avec nos origines biologiques :

- Passage de la microstructure à la macrostructure → père, mère ;
- Appartenance de l'*Homo sapiens* à l'ordre des primates.

Dans le premier cas de figure, la procédure cognitive activée est la pensée analogique ; dans le second cas de figure, il s'agit du champ instinctuel inscrit dans notre inconscient. Dans le tableau 17 y figurent des références à la mythologie grecque et romaine et leur inscription dans le champ de l'inconnu à travers anthropomorphisation et décodage fictionnel.

Tableau 17 – Quand l'inconnu s'inscrit dans la déification	
Ouranos (le ciel) & Gaia (la terre) → **Aphrodite** ↓ **Cœos (Titan)** ↓ **Océan** ↓ **Japet** ↓ **Hypérion** ↓ **Rhéa**	
Cœos (Titan)	En grec : celui qui pense **Inconnu : l'intelligence et son origine.**
Procédure cognitive : pensée analogique – Anthropomorphisation de l'inconnu.	

[109] https://www.bfmtv.com/societe/religions/mariees-au-christ-religieuses-hors-les-murs-qui-sont-les-vierges-consacrees_AN-201808150007.html – Page consultée le 19 octobre 2020.

<table>
<tr><td>Océan</td><td>Élément originel qui est apparu avant le monde lui-même et qui a présidé à la Création (p. 245)
Inconnu : l'origine de la vie à travers la procréation en corrélation indirecte avec le liquide amniotique.</td></tr>
<tr><td colspan="2">Procédure cognitive : pensée analogique – Anthropomorphisation de l'inconnu.</td></tr>
<tr><td>Japet</td><td>Postérité léguée à ses descendants.
Inconnu : le déroulement du temps et la disparition des ascendants.</td></tr>
<tr><td colspan="2">Procédure cognitive : champ instinctuel – Transmettre sa domination via sa descendance.</td></tr>
<tr><td>Hypérion</td><td>[Il] s'unit à sa sœur Théia, qui donna naissance à Hélios, dieu du Soleil, dont Apollon conduit le char, Séléné la Lune, et Éos, l'Aurore (p. 178).
Inconnus : le soleil en tant qu'étoile naine jaune non décodée à cette époque. La lune comme satellite naturel de la terre et le soleil à l'origine de l'aurore.</td></tr>
<tr><td colspan="2">Procédure cognitive : pensée analogique – Anthropomorphisation de l'inconnu.</td></tr>
<tr><td>Rhéa</td><td>Elle y enfanta Zeus. […] Rhéa devint la mère d'un dieu suprême […] (p. 306). Zeus « fut consacré comme le dieu universel, possesseur de tous les biens célestes et terrestres » (p. 358).
Inconnu : les origines de notre univers et du monde du vivant.</td></tr>
<tr><td colspan="2">Procédure cognitive : pensée analogique – Anthropomorphisation de l'inconnu.</td></tr>
<tr><td colspan="2">Source : Schmidt, 2017 : 109.</td></tr>
</table>

Ouranos symbolise le ciel perçu à notre échelle, que ce soit de jour ou de nuit ; Gaia représente la terre. Leur union donna naissance à des divinités, appelées Titans dont Cœos (Titan), Océan, Japet, Hypérion, Rhéa. En référence aux douze titans nés d'Ouranos et de Gaia, Schmidt souligne ainsi : « Indignés qu'Ouranos voulût les précipiter dans le Tartare, ils se révoltèrent, mutilèrent leur père et régnèrent à sa place » (2017 : 340).

Le terme « titan » a pour définition : « Personne ou chose de force ou de taille hors du commun[110] ». Or, pour être le gagnant dans le monde du vivant, la force physique ou stratégique en est le facteur majeur, ce que nous retrouvons chez l'humanoïde, ce qui renvoie à un décodage inconscient prenant sa source du champ instinctuel et dont la retraduction de nombre d'inconnus est réalisée sous forme de déités : force du vent, de la foudre, du feu… Toujours dans le cadre de l'inscription du connu dans l'inconnu par le biais de l'analogie, l'union ciel/terre donna naissance aux douze titans. Étant à l'origine du monde végétal, la terre ne peut jouer que le rôle de matrice, liée à la reproduction.

En linguistique, quand le décodage de l'inconnu est réalisé, l'unité lexicale, désignant l'objet perçu, puis analysé et décrypté, prendra la valeur d'hyperonyme dans la mesure où il subsumera des déclinaisons variées de ses caractéristiques. Si le vent correspond à une masse d'air se déplaçant dans l'atmosphère, la vitesse renverra à différentes caractéristiques traduites par des termes comme « tempête », « brise », etc., ce qui correspond à des hyponymes. Avant d'intégrer une base de données dictionnairique, le nouveau terme s'inscrira dans le néologisme.

1.3.3. Du paradigme de l'instinct à celui de la conscience

La lecture sémantique de l'unité lexicale « instinct » correspond à : « Mouvement intérieur, surtout chez l'animal, qui pousse le sujet à exécuter des actes adaptés à un but dont il n'a pas conscience[111] », ce qui rejoint indirectement une forme de programmation inscrite en amont. En effet, il n'y a fonctionnement que si les différents paramètres composant une structure instinctuelle donnée sont activés dans le cadre d'un contexte déterminé. Ainsi que le stipule Pichot, chercheur au C.N.R.S. en épistémologie et histoire des sciences :

> Étymologiquement, sont innés les caractères, biologiques ou psychologiques, que l'être vivant possède à la naissance (et qui sont donc censés ressortir à sa nature, voire à son essence). Sont acquis les caractères postnatals dépendant de l'environnement (et qui sont donc supposés non essentiels, accidentels)[112].

Nous allons présenter quelques exemples de caractères innés liés au tactisme, phénomène correspondant à : « [la] progression dirigée de certains êtres vivants due à des réactions physico-chimiques [113]».

---

[110] https://www.cnrtl.fr/definition/titan – Page consultée le 18 octobre 2020.
[111] https://www.cnrtl.fr/definition/instinct – Page consultée le 9 mai 2019.
[112] André PICHOT, « INNÉ ET ACQUIS », *Encyclopædia Universalis* [en ligne], consulté le 9 mai 2019. URL : http://www.universalis.fr/encyclopedie/inne-et-acquis/ – *Ibid.*
[113] https://www.cnrtl.fr/definition/tactisme – *Ibid.*

Dans le cadre de ses recherches en biologie, Pelt, montre ainsi :

> […] que des plants de maïs attaqués par des chenilles émettent un cocktail qui attire puissamment les guêpes parasites et destructrices desdites chenilles. […] L'agent de cette très performante communication entre la plante et l'insecte est toujours gazeux (1996 : 104).

Le tactisme peut aussi prendre place dans un échange entre végétaux avec la libération d'éthylène où, en Afrique du Sud

> […] des arbres soumis à une intense prédation dégageraient également de l'éthylène qui allait informer d'autres arbres et les mettre ainsi « en garde » contre l'action des koudous brouteurs[114] (*ibid.* : 173).

Nous allons reprendre l'ensemble de ces informations et les présenter sous la forme d'un organigramme (figures 12 et 13).

[114] Le grand koudou, dont il existe trois sous-espèces, est une antilope proche du nyala à la robe aux tons allant du brun roux au gris bleu, rayée d'une douzaine de stries verticales blanches et fines. La tête est généralement plus sombre et les yeux sont surlignés par une sorte de chevron blanc. Les mâles possèdent une crinière qui court sur l'échine et le dos, et une frange de poils sous le cou qui descend jusqu'au poitrail. Ils arborent des cornes striées et torsadées et les deux sexes possèdent des oreilles bien développées favorisant les capacités auditives. Page consultée le 7 août 2018 sur le site :
https://www.futura-sciences.com/planete/definitions/zoologie-grand-koudou-8175

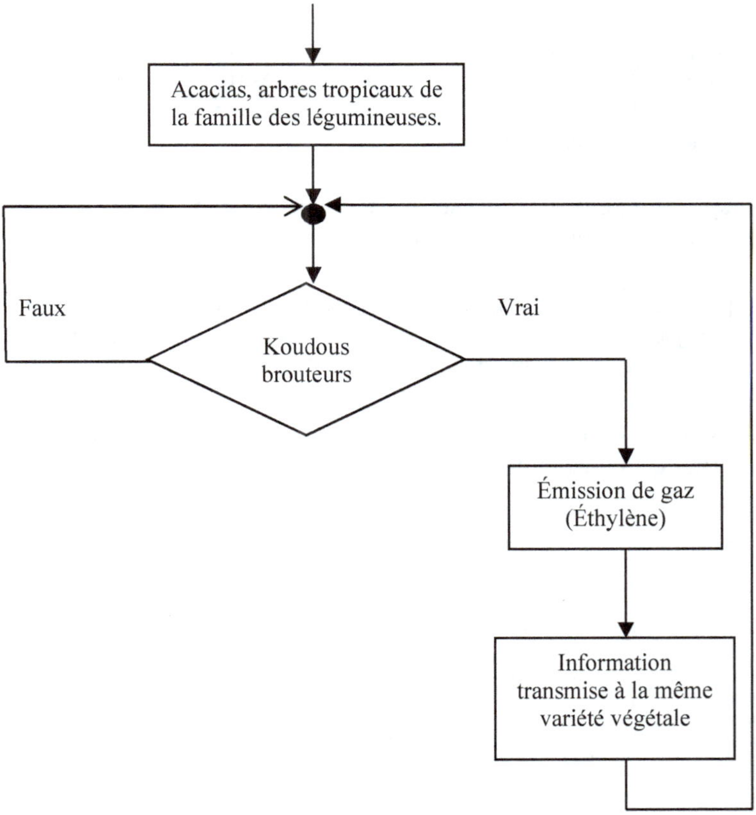

Figure 12 – Logigramme 1 (boucles de répétition) lié à certains végétaux inscrits dans le tactisme

Comme le mentionne Le Van : « Une boucle permet de répéter un même traitement, une ou plusieurs fois [115] ». Ces logigrammes montrent un processus répétitif quand l'ensemble des paramètres sont activés selon les caractéristiques en cours (présence de koudous ou de chenilles).

[115] https://diro.umontreal.ca/repertoire-departement/charges-de-cours/charge-de-cours/in/in20533/sg/Van%20Nguyen%20Le/
Page consultée le 10 mai 2019.

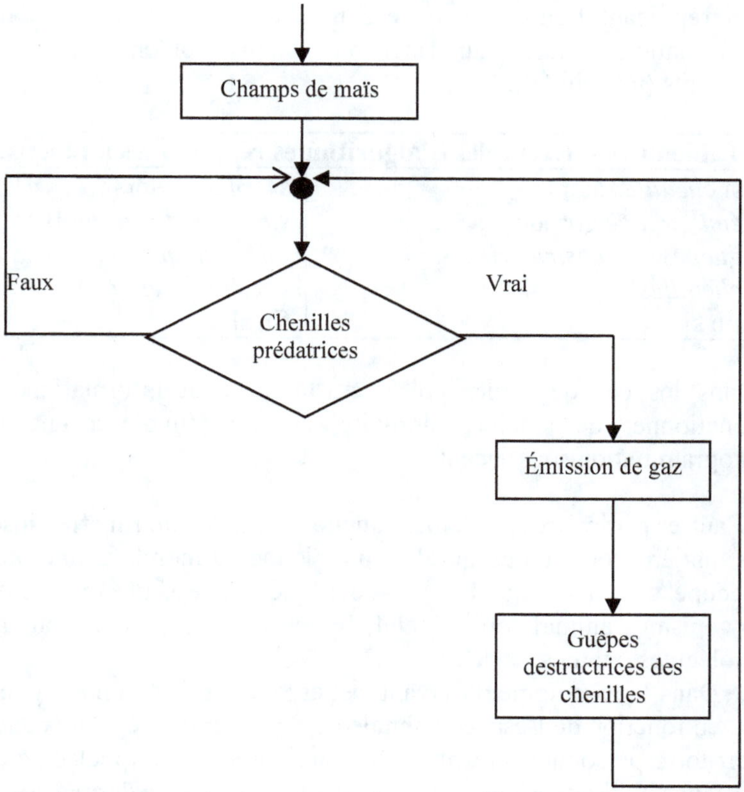

Figure 13 – Logigramme 2 (boucles de répétition) lié à certains végétaux inscrits dans le tactisme

Prenons un exemple d'algorithme utilisé en informatique :

Tableau 18 – Exemple d'algorithme
Algorithmes, instructions et langages informatiques si condition1 alors : instruction 1 (ou bloc d'instructions 1) sinon : instruction 2 (ou bloc d'instructions 2) fin si
Source : *https://perso.limsi.fr/pointal/_media/python:cours:poly_cours_info-algo_sp1-1617-revu.pdf – Page consultée le 9 mai 2019.*

En reprenant l'ensemble de ces instructions et en les réadaptant aux informations liées au tactisme, nous obtenons les résultats suivants (tableau 19).

Tableau 19 – Exemples d'algorithmes réappliqués au tactisme	
si *chenilles* alors : *émission de gaz* alors : *guêpes destructrices des chenilles* fin si	si *koudou* alors : *émission de gaz* alors : *information transmise à la même variété végétale* fin si

Dans les cas de figure présentés, tactisme et informatique semblent fonctionner de manière similaire, ce qui renvoie à une forme de programmation sous-jacente.

D'autres paramètres participent du monde du vivant. En effet, inscrite dans la matière, toute unité, qu'elle appartienne au monde animé ou inanimé, occupe un espace qui lui est spécifique à elle seule, et à nulle autre : organisme animal ou végétal, objets divers naturels ou artificiels, molécules, atomes…

Dans le paradigme du vivant, cet espace est lié à la notion de territoire et, en fonction de l'espèce animale ou de la variété végétale concernée, ce territoire personnel sera plus ou moins important. Appelées « classes de distance », elles varient d'un groupe à l'autre, que ce dernier soit d'origine animale ou végétale, mais aussi en fonction du contexte.

Nombre de recherches ont été articulées autour de cette thématique. Hediger, biologiste et directeur de différents zoos en Suisse, a développé une étude sur la notion de territoire dans le cadre des animaux enfermés dans des parcs zoologiques. Dans le tableau 20, l'auteur montre que d'une part, la surface de la cage au sein de laquelle l'animal sauvage est enfermé n'intègre pas la distance de fuite dans sa totalité et que, d'autre part, la nourriture se trouvant située précisément dans cet espace considéré comme dangereux, n'est alors pas accessible.

Tableau 20 – Exemple de l'évaluation de la distance de fuite chez un animal encagé

Figure 8. Plan of the situation of a newly caught wild animal. Because of the presence of man beyond the bars of the (psychologically) too small cage, and so within the flight distance, the animal is unable to take the food offered it

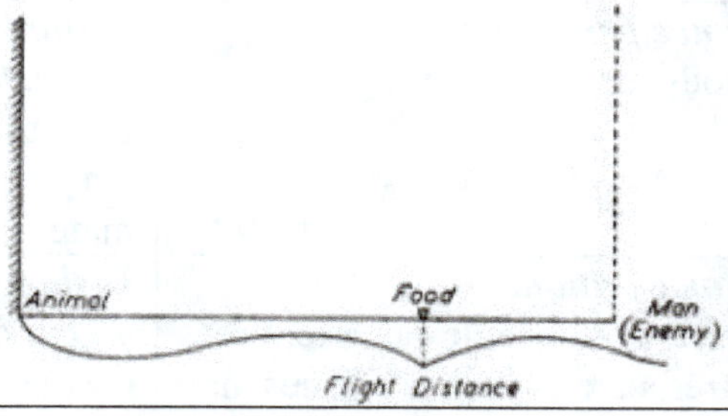

Source : Hediger 1950 : 33

Hediger a constaté que l'ensemble de la sphère animale respectait des classes de distance entre eux. Ces classes sont associées aux comportements présentés dans le tableau 21.

Tableau 21 – Des différentes classes de distance	
Distance de fuite	La distance de fuite correspond à la distance à laquelle un animal prend la fuite face à une menace qui s 'approche (Hediger, 1950).
Distance critique	Limite entre la distance de fuite et la distance d'attaque (Ancelin Schutzenberger, 2015 : 17)
Distance personnelle	Distance fixe qui sépare les membres des espèces sans contacts (Hall, 1971 : 150)
Distance sociale	Frontière entre le mode lointain de la distance personnelle et le mode proche de la distance sociale (*Ibid.* : 152).

Appartenant à la classe des mammifères, à l'ordre des primates et à la famille des hominidés, la définition de l'aire personnelle chez l'*Homo sapiens* variera en fonction de son environnement, du *substratum* sociétal au sein duquel il est inscrit, de son vécu et de sa culture, le langage formant le soubassement de la redéfinition des distances observées dans le monde animal (tableau 22).

Tableau 22 – Traduction des classes de distance dans le monde animal et chez l'être humain	
Dans le monde animal	**Chez l'être humain**
Distance personnelle Reproduction et maternage.	***Distance intime (proche : contact, 0 cm)*** En relation avec les contacts amoureux ou avec le maternage/paternage.
Distance critique Menace avec gueule ouverte, crocs montrés et cris ou, si risques non gérables, fuite.	***Distance personnelle (proche : 45 cm à 75 cm)*** « Zone limite de non-contact physique direct. Elle marque l'affectivité et la proximité quotidienne des individus dans leur vie publique[116] ».
Distance sociale Éloignement du territoire groupal ou d'appartenance.	***Distance sociale (1,25 m-3,60 m)*** Relations interpersonnelles directes avec la vision de l'ensemble de l'interlocuteur sans qu'il y ait contact direct.
Distance de fuite Face à un prédateur potentiel, tentative de disparaître visuellement.	***Distance publique (3,60 m-7,50 m)*** Prise de parole hiérarchisée. Corps et voix ne sont perçus que par des intonations plus fortes et des comportements traduits par une gestuelle marquée.

Réinscrire sous forme d'algorithmes ces phénomènes comportementaux participant du paradigme de l'instinct montre qu'il s'agit bien d'une forme de programmation existant en amont de la perception que nous pouvons en avoir. Dans la figure 14, il sera présenté la distance proxémique chez le zèbre et sa redistribution en fonction du ressenti lié au contexte environnemental.

---

116 *Cf.* : http://vincent.mabillot.net/glossaire/proxemie#Une_origine_ethologique_la_proxemie_dans_le_monde_animal – page consultée le 11 août 2017.

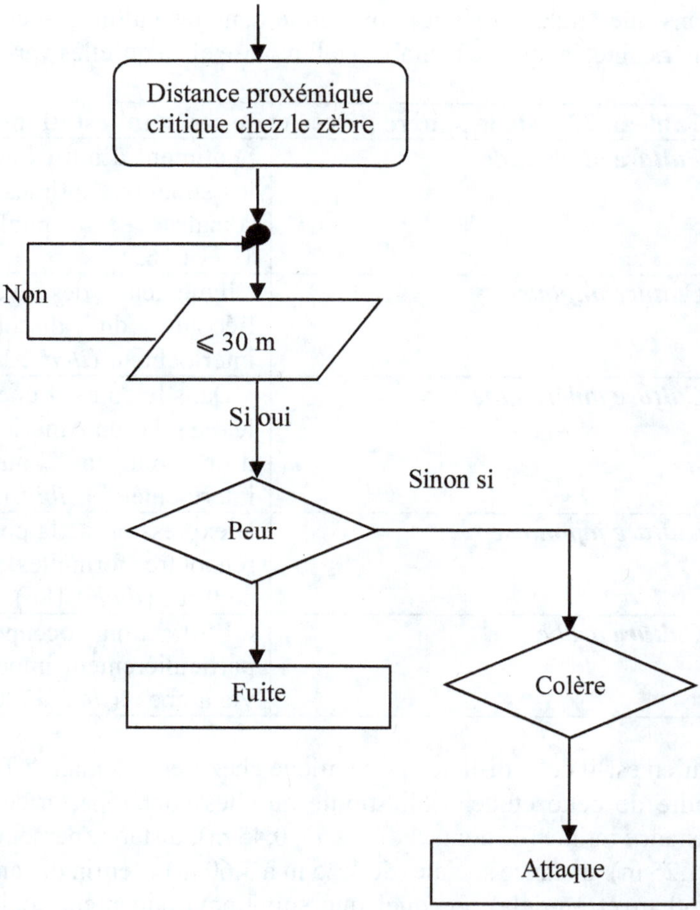

Figure 14 – Logigramme en relation avec la distance proxémique critique chez le zèbre

Source : https://www.cairn.info/le-langage-du-corps-et-la-communication-corporelle--9782130452072-page-124.htm# – page consultée le 11 mai 2019.

Dans une étude dédiée à la proxémie dans les cultures allemande, anglaise, américaine, japonaise et arabe, Hall montre ainsi qu'elles varient (tableau 23).

Tableau 23 – De la sphère privée et de ses manifestations culturelles	
Culture allemande	Sentiment d'intrusion visuelle dans les situations intimes, personnelles, sociales et publiques (Hall 1971 : 165).
Culture anglaise	Clignement des yeux lors de l'écoute du discours de son interlocuteur (*ibid.* : 176).
Culture américaine	« Dans le cours d'une conversation, le regard d'un Américain vagabonde d'un œil à l'autre de son interlocuteur » (*ibid.*).
Culture japonaise	L'expression de la politesse, lors de rencontres formelles, y est fortement codifiée (*ibid.* : 186).
Culture arabe	« L'olfaction occupe une place particulièrement importante dans la vie arabe » (*ibid.* : 196).

Qu'en est-il de la distance proxémique chez l'être humain ? Toujours, dans le cadre de cette étude, Hall stipule qu'elles sont répertoriées comme suit : distance intime (de contact direct à ~ 0,45 m), distance personnelle (de 0,45 m à 1,25 m), distance sociale (de 1,25 m à 3,60 m) et enfin distance publique (de 3,60 m et au-delà), et, quel que soit l'environnement socioculturel, « les distances personnelles et sociales existent toujours » (1971 : 143). Si cette forme relève d'un instinct de base : jouer le rôle de prédateur, mais aussi s'en protéger, comment se redistribue-t-elle ?

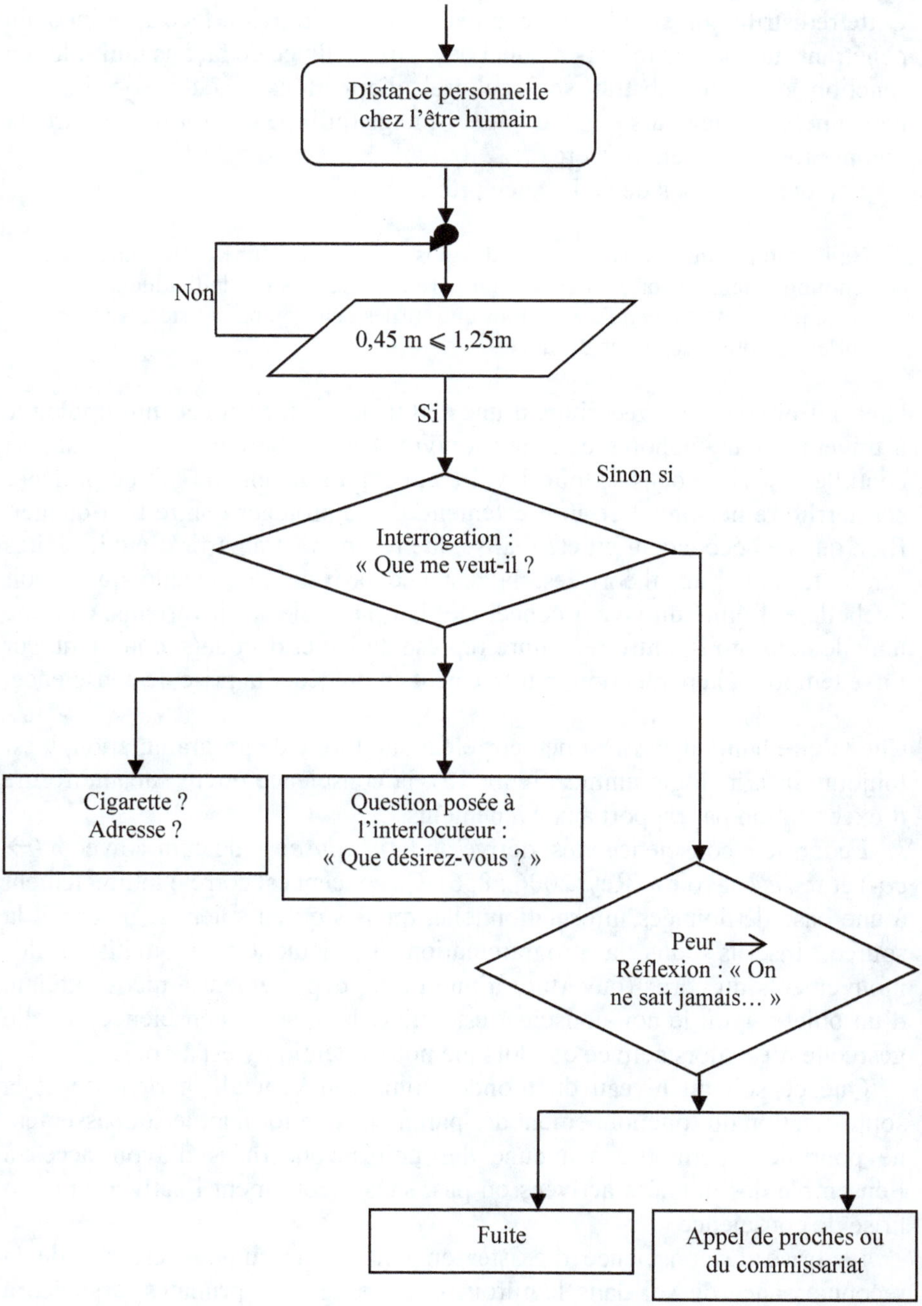

Figure 15 – Logigramme en relation avec la distance proxémique personnelle chez l'être humain

Cette redistribution simplifiée de la réaction d'un individu face à un inconnu pénétrant sur son territoire personnel peut être déclinée de façons multiples en fonction de son substrat socioculturel d'appartenance, de son histoire personnelle, de facteurs comme l'âge, l'image qu'il peut avoir de lui (être un homme fort, par exemple), etc.

Toujours à propos de la distance proxémique :

> Hall a montré qu'il y avait autour de nous une surface, 'une bulle', une zone émotionnellement forte ou encore un périmètre de sécurité individuel. Celui-ci est plus important en face de nous que sur les côtés ou par derrière. On peut parler de notion de bonne distance[117].

Nous retrouvons cette réécriture d'une réalité décryptée par cet anthropologue à travers des métaphores comme : « vivre dans sa bulle », « vivre dans sa coquille », « vivre dans sa tour d'ivoire », ce qui fait écho au fait de protéger son territoire personnel et, indirectement, de se protéger contre tout danger. Bien que ce décodage n'ait été réalisé que récemment à partir d'études faites sur le terrain, puis théorisées, la distance proxémique, quelle qu'en soit l'échelle et l'unité du vivant concernée, fait partie de ses invariants. Comme nous le constatons, entre réécriture représentative et décodage conscient, sur l'axe temporel, la perception intuitive peut en précéder la prise de conscience.

Chez l'être humain, si l'instinct, corrélé à une forme de programmation, y est toujours inscrit (logigramme, figure 15), la conscience ouvre sur une forme d'excentration par rapport aux évènements.

Le terme « conscience » est dérivé du latin *conscire*, de cum « avec » (→ *co*-) et *scire* « savoir » (Rey, 2006 : 856). Ce concept est corrélé indirectement à une base de données informationnelle, quelles qu'en soient la nature et la source. Inscrits dans la programmation instinctuelle : automatisme des mouvements du corps (ouverture d'une porte, déplacement à pieds, atteinte d'un objet...), où le non-conscient est activé, la prise de conscience de telle gestuelle n'est alors activée que lorsque notre attention y est associée.

Que ce soit au niveau du monde animal ou végétal, la richesse et la sophistication du fonctionnement des paramètres en formant le soubassement ne pourraient permettre à aucune des unités concernées d'avoir accès à l'ensemble des données activées ou pas, sans précisément l'activation de la prise de conscience.

La prise de conscience d'exister en tant qu'être unique est née de la reconnaissance de soi dans le miroir, chez les grands primates, associée à l'apparition du langage, chez l'être humain. Dans sa célèbre formule : *Cogito,*

---

117 https://www.psychologie-sociale.com/index.php/fr/dossiers-de-lecture/30-la-proxemie – Page consultée le 15 mai 2019.

ergo sum, Descartes (1637) montrait que la spécificité de l'homme était associée à la pensée, plus exactement à la conscience qu'il a de son existence. Y est associé le langage, outil servant à l'adaptation de l'*Homo sapiens* à son milieu par le biais de la poïèse, ainsi qu'à la transmission de messages à portée informative à ses congénères, dont « les uns sont des processus d'action sur le milieu à modalités physiques et visent à des transformations du même ordre. Les autres sont des moyens de communication et aboutissent à modifier le comportement d'autres individus vivants » (Corraze, 1980 : 38-39).

Que ce soit à partir des réflexions philosophiques s'interrogeant sur l'existence d'un concept dénommé « âme » ou « esprit » intégrant un corps physique ou de l'avancée des sciences en matière de neurobiologie posant la pensée comme issue des interactions neuronales dans le cerveau, les sciences cognitives en ont dérivé. Eco, linguiste, stipule à ce sujet :

> Le problème de savoir ce qui se passe dans notre « boîte noire » lorsque nous percevons quelque chose est un problème débattu par les sciences cognitives lorsqu'elles demandent par exemple si le milieu environnant nous fournit les informations nécessaires sans une intervention constructive de notre appareil mental ou neuronal, ou s'il y a au contraire une sélection, une interprétation et une réorganisation du champ stimulant (1997 : 186).

Ainsi que le mentionne Dortier : « […] partout, dans le monde du vivant, les animaux font preuve de capacités cognitives plus ou moins élaborées » (1998 : 304), quant à l'intelligence sensori-motrice chez l'enfant ; elle lui permettrait d'entrer « en même temps dans le monde du symbole, de l'image mentale, des mots, puis bientôt de l'abstraction » (*ibid.* : 307). À ce propos, Vygotsky précise : « Nous avons démontré qu'une réflexion générale sur la réalité est la base caractéristique des mots. […] Pensée et langage, qui reflètent la réalité de façons différentes de la perception, sont les clefs pour pénétrer la nature de la conscience humaine » (1962 : 153). Toujours en relation avec ces questionnements, Prigogine procède à une réévaluation quant à la nature du monde du vivant à partir des grandes lois de la physique comme celles de la thermodynamique, dont le premier principe affirme la conservation de l'énergie par tous les systèmes, ce qui renvoie indirectement à la métaphore posée par le philosophe Aristote de l'Antiquité : « La nature a horreur du vide[118] ».

---

[118] Aristote en est venu à cette conclusion en constatant que la nature exige que tout espace soit rempli de quelque chose, même si ce quelque chose est incolore et inodore. *Cf* : https://www.ministeresnpq.org/2011/01/21/la-nature-a-horreur-du-vide/ – Page consultée le 13 mai 2019.

La compréhension des objets du monde a ouvert sur différentes formes de raisonnement comme le raisonnement logique de type inductif, soit un fait passant du particulier au général et faisant loi ou, encore, le raisonnement logique de type déductif, soit le passage de la loi ou de la règle au fait observé. La procédure cognitive liée au raisonnement analogique correspond à la mise en relation d'un objet donné inconnu, ou dont certains paramètres sont incompréhensibles, avec quelque chose de connu, ou ayant quelque ressemblance, du moins à travers la représentation qu'en a l'observateur. L'activation de ces processus cognitifs est à l'origine de modes de pensée qui vont de l'observation du réel, à sa représentation, ainsi qu'à sa conceptualisation.

1.3.4. De l'intuition comme support informationnel non décodé

Si le phénomène de la conscientisation, en corrélation avec la visualisation d'un objet non repérable, mais existant, à travers le raisonnement logique fait appel à des champs de recherche comme les mathématiques, la physique, etc., il existe un autre processus cognitif ouvrant sur la prise de conscience : l'intuition. L'unité lexicale : « intuition » a pour signification [119] : « Connaissance directe et immédiate d'une vérité qui se présente à la pensée avec la clarté d'une évidence, qui servira de principe et de fondement au raisonnement discursif », et a pour synonyme, entre autres, le terme « instinct [120] ». À partir de leur signification, ces deux unités lexicales : « intuition » et « instinct » intègrent le même champ sémantique dans le cadre de leur synonymie, quant à leur signification spécifique, en ce qui concerne le terme « intuition », il renvoie au fait de recevoir une information sans support, prise dans la réalité observable et liée à la prise de conscience, alors que le terme « instinct » renvoie à un processus faisant écho à la programmation biologique.

Tableau 24 – De la signification des unités lexicales : intuition et instinct	
Intuition	***Instinct***
Connaissance directe et immédiate d'une vérité qui se présente à la pensée avec la clarté d'une évidence, qui servira de principe et de fondement au raisonnement discursif[121]	Fonctionnement qui réfère à un phénomène qui serait de l'ordre de la programmation biologique.

[119] http://www.cnrtl.fr/definition/intuition — page consultée le 30 mars 2018.
[120] http://www.cnrtl.fr/synonymie/intuition — *Ibid.*
[121] http://www.cnrtl.fr/definition/intuition — *Ibid.*

Par l'outil communicationnel qui est le langage, la traduction de l'intuition prend corps dans des expressions comme : « Je ne sais pas l'expliquer, mais je me suis aperçue que... », « Cela m'a ouvert les yeux », « J'ai senti que... », « J'ai compris que... », etc. Nous allons illustrer cette procédure cognitive avec la citation de découvertes importantes comme celle de Herschel :

> [...] un des pionniers de l'astronomie moderne, qui avait été le premier à prétendre, en 1802, que la Voie lactée, qui barrait notre ciel nocturne, pouvait n'être en fait qu'un énorme ensemble d'étoiles (deux cents milliards), vu par la tranche, dont le centre, plus riche, se situait en direction de la constellation du Sagittaire. Si l'objet nous apparaissait, telle une bande, c'est que nous étions dedans (Petit, 1999 : 28).

Autre approche de type poétique renvoyant à l'expansion de l'univers avec Edgar Poe qui, à travers son poème *Eurêka*, mentionne :

> Si la succession des étoiles était illimitée, l'arrière-plan du ciel nous offrirait une luminosité uniforme, comme celle déployée par la Galaxie, puisqu'il n'y aurait absolument aucun point, dans tout cet arrière-plan, où n'existât une étoile. Donc, dans de telles conditions, la seule manière de rendre compte des vides que trouvent nos télescopes dans d'innombrables directions est de supposer cet arrière-plan invisible placé à une distance si prodigieuse qu'aucun rayon n'ait jamais pu parvenir jusqu'à nous (1848).

Dans un ouvrage mettant en relation l'écriture poétique et ce qui a été décodé au niveau de l'univers dans le cadre de la science, l'astrophysicien Luminet cite nombre de poètes comme pourvoyeurs d'une vérité née précisément d'une intuition, tel Hésiode (VIIIe siècle) qui « use de son intuition poétique et de son expérience intérieure pour inventer l'origine du monde à partir du vide » (2012 : 243), ce qui renvoie à la cosmologie quantique « fondée sur les théories de la relativité générale et de la physique quantique » qui « met en équations le surgissement spontané de l'univers à partir des fluctuations du vide » (*ibid.*).

Ce type de formulation renvoie donc au fait d'avoir fait le repérage d'un lien existant entre deux objets, repérage n'ayant pas été opéré auparavant et renvoyant implicitement à la prise de conscience.

Comme nous l'évoquions précédemment, nous faisons partie de l'univers constitué d'ondes et de particules, mais il nous intègre également. Or, très singulièrement, le trope ou figure d'expression « fondée sur le transfert à une entité du terme qui en désigne une autre », soit la métaphore, dans le cadre du champ émotionnel d'une personne réfère, indirectement, à la notion d'onde, mais aussi de particule.

Onde ou particule ? Il en est ainsi de la lumière qui « est à la fois un phénomène ondulatoire, d'où le concept de longueur d'onde, et un phénomène corpusculaire, comme en témoignent les photons [122] », et avec l'onde électromagnétique qui « est le résultat de la vibration couplée d'un champ électrique et d'un champ magnétique variables dans le temps[123] ». Qu'en est-il de la traduction du ressenti émotionnel par le langage avec l'usage de la métaphore ? Dans le tableau 25, il y est présenté un certain nombre d'exemples.

Tableau 25 – De la métaphore prise dans le champ émotionnel et de la notion d'onde et de particule

Métaphores	*Signification*	*En relation avec la notion d'onde*
Avoir des atomes crochus	Sympathie, affinité qui s'établit entre deux êtres[124]	La plus petite partie d'un corps simple qui puisse entrer en combinaison avec une autre[125]
Être attiré par	Plaire, fasciner	« Ces astres infiniment petits, ce sont les atomes. Comme les astres proprement dits, ils s'attirent ou se repoussent[126] »
Être/entrer en résonance avec	Ce qui fait vibrer l'esprit ou le cœur[127].	Résonance magnétique
Être sur la même longueur d'onde	Se comprendre parfaitement[128].	La longueur d'onde – Les premiers émetteurs radioélectriques utilisaient uniquement des ondes longues[129]

---

122 https://www.astronomes.com/le-big-bang/dualite-onde-particule/ – Page consultée le 31 mars 2018.

123 https://www.futura-sciences.com/sciences/definitions/physique-onde-electromagnetique-15066/
Page consultée le 31 mars 2018.

124 http://www.cnrtl.fr/definition/atome – Page consultée le 31 mars 2018.

125 *Ibid.*

126 Henri Poincaré, 1905, p. 172.

127 http://www.cnrtl.fr/definition/résonance – Page consultée le 31 mars 2018.

128 http://www.linternaute.com/expression/langue-francaise/14041/etre-sur-la-meme-longueur-d-onde/ – *Ibid.*

129 http://www.cnrtl.fr/definition/longueur – *Ibid.*

Faire vibrer = émouvoir	Être troublé par une émotion très vive[130]	Modifier les propriétés d'un corps par des vibrations[131]

L'ensemble de ces métaphores s'inscrit à la fois dans le champ sémantique de l'onde, ce qui correspond à un phénomène perçu comme la lumière ou le son, mais aussi dans celui des particules (matière).

Dans la préface générale, nous avions évoqué le substrat réticulaire de l'univers comme un ensemble relié à chacune de ses parties, ce qui pourrait, peut-être, être à l'origine de la création de métaphores désignant des objets non perçus, mais existants. En effet, d'après la mécanique quantique, la complémentarité des deux aspects de la lumière, qui est à la fois ondulatoire et corpusculaire, « ne concerne pas que la lumière, elle s'applique également aux particules »[132]. Or, l'être humain est composé de particules.

Du champ scientifique au champ sémantique, il n'y a qu'un pas à franchir dans le champ de tous les possibles.

---

130 http://www.cnrtl.fr/definition/vibrer – *Ibid.*

131 *Ibid.*

132 https://www.astronomes.com/le-big-bang/dualite-onde-particule/ – Page consultée le 31 mars 2018.

DEUXIÈME APPROCHE

DE L'APPROCHE SCALAIRE DES OBJETS DU MONDE

Introduction

De la microstructure à la macrostructure, cette approche des composants des objets du monde en offre une vision singulière. À l'échelle de *l'Homo sapiens*, un tronc d'arbre sera perçu comme un objet longiligne. Dans le cadre d'une observation plus proche, ce sera l'écorce avec sa couleur et sa texture qui polariseront l'attention. Comme il est montré dans le tableau 26, l'observation d'un même objet à l'échelle humaine, réalisée dans le cadre de son territoire personnel : 0,45 m $\leq$ 1,25 m montre que cette même vision présentée séparément à un sujet n'en possédant aucune information sera perçue comme référant à deux objets différents. Cette même perception beaucoup plus éloignée intégrera l'environnement de ce végétal comme la forêt. À une échelle plus lointaine encore, ce sera la couleur verte qui sera perçue.

Tableau 26 – Une approche scalaire des objets du monde

Forêt : la couleur verte en est l'élément prédominant	Tronc : la hauteur en est l'élément prédominant	Écorce : la texture en est l'élément prédominant

Source : photographies prises par l'auteure

Quels sont les facteurs communs en corrélation avec l'observation scalaire d'un même objet ?

Tout d'abord, la distance entre observateur et objet, puis l'élément majeur à l'origine de la focalisation de son attention. La mise en relation de ce phénomène avec le langage fait écho au fait dit « saillant », notion développée par Dessalles :

> Par exemple, certaines anecdotes peuvent être rapportées, d'autres non. Je ne peux pas raconter simplement que je me suis levé ce matin, que j'ai déjeuné, que j'ai écouté la radio, que j'ai fait ma toilette, que je me suis habillé et que je suis sorti de chez moi. Celui qui écoute une telle narration sait qu'il manque quelque chose. Ce quelque chose d'essentiel, commun à toutes les narrations de ce genre, est la mention d'un fait saillant. […] Si un locuteur parvient à faire partager par ses vis-à-vis le sentiment que le fait rapporté présente un intérêt,

par exemple parce qu'il sort de l'ordinaire, ce locuteur est pertinent. La pertinence, dans ce cas, se mesure au caractère saillant du fait rapporté (2000 : 261).

Par ailleurs, il existe un autre facteur participant de l'observation à différentes échelles de l'objet du monde. Il s'agit de l'imbrication. En effet, chaque objet du monde l'est à un niveau ou à un autre (figure 16).

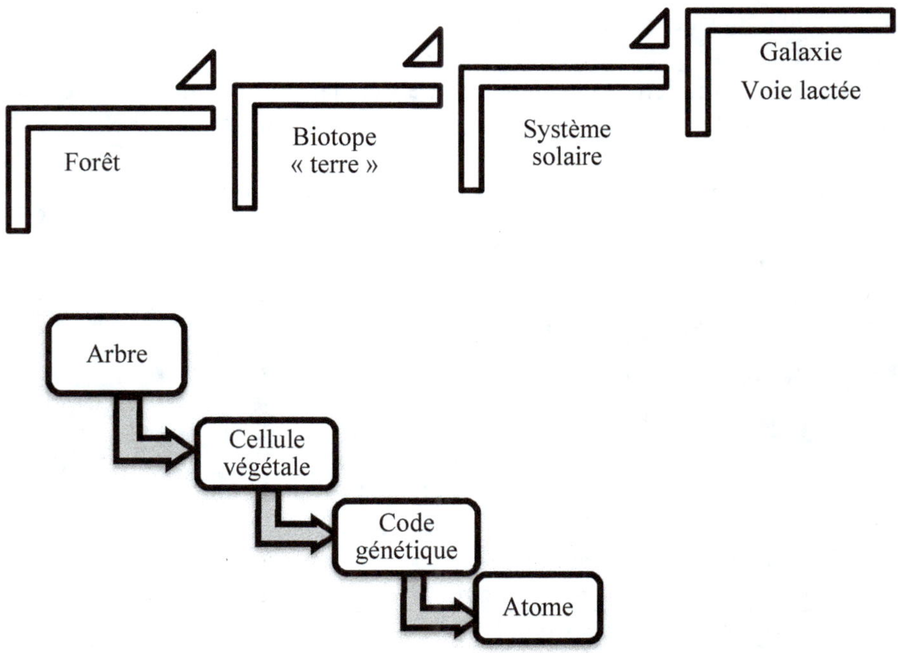

Figure 16 – De la redistribution de notre regard sur les objets du monde

Ainsi, tout objet de l'univers est imbriqué dans un substrat réticulaire non perçu dans sa totalité, mais existant, ce qui signifie, indirectement, que dans le contexte de notre univers, le vide ne peut exister.

Dans ce chapitre, différentes études seront développées à partir des facteurs communs à la vision scalaire des objets du monde.

2.1. De l'humain inscrit dans l'échelle des grandeurs

Le décodage du monde du vivant prend sa source de l'observation et est retranscrit au niveau du langage sous forme d'unités lexicales. La création de différentes formes de classification prend son origine de la mise en relation de deux objets ayant un dénominateur commun comme la couleur, la forme, la texture.

À notre échelle, la vision que nous avons des objets du monde est parcellaire. Traduite par le langage, elle s'inscrit dans un système qui, à partir du général, imbrique le particulier. En linguistique, le terme « général » renvoie à l'hyperonymie soit un « terme dont le sens inclut celui d'un ou de plusieurs autres », quant à ceux qui sont inclus, ils s'inscrivent dans l'hyponymie, soit à la « relation d'inclusion entre deux mots dont l'un est l'hyponyme de l'autre[133] ».

L'instinct de survie inscrit dans l'observation n'est articulé qu'autour des facteurs qui vont l'activer : jouer le rôle de proie ou de prédateur et se reproduire afin de perpétuer son espèce dans le temps. L'analyse associée à la réflexion y est absente. La reconnaissance de soi dans le miroir a ouvert le champ de l'observation lié à l'interrogation ; le langage chez l'*Homo sapiens* est le nouvel outil inscrivant observation et interrogation sur son environnement dans une analyse corrélée à son décodage.

Dans un premier temps, il peut y avoir télescopage entre l'instinct lié à la peur de l'inconnu, et l'observation et son analyse. Ainsi que le mentionne Lévi-Strauss :

> On a souvent dit, non sans raison, que les sociétés primitives fixent les frontières de l'humanité aux limites du groupe tribal, en dehors duquel elles ne perçoivent plus que des étrangers, c'est-à-dire des sous-hommes sales et grossiers, sinon même des non-hommes : bêtes dangereuses ou fantômes (1962 : 220).

Si au niveau de l'observation d'un ensemble d'objets, aucun n'est repéré comme une partie spécifique faisant partie du tout, le démarcage ne pourra se réaliser. Observer une forêt peut renvoyer à la couleur verte, à un ensemble d'arbres, mais une version plus pointue montrera que dans cet espace, des épinettes côtoient des bouleaux et des trembles.

Entre outils de décryptage de plus en plus performants associés à nombre de prises de conscience, l'univers caché se montre peu à peu. Dans un premier temps, cette révélation est associée à des mises en relation à partir d'une observation directe de l'environnement, laquelle est retranscrite, en

---

[133] https://www.cnrtl.fr/ – *Ibid.*

synchronie, dans les groupes sociaux, et transmise, en diachronie, par le biais des traditions, ce qui est bien illustré dans le totémisme. Si l'observation est corrélée à son analyse, cette dernière prend sa source de la pensée analogique, sans pour autant que la base de similarité corresponde à la réalité des objets observés. Ainsi que le mentionne Lévi-Strauss :

> Les Dogon répartissent les végétaux en 22 familles principales, dont certaines sont subdivisées en 11 sous-groupes. Les 22 familles, énumérées dans l'ordre convenable, se répartissent en deux séries composées, l'une des familles de rang impair, l'autre des familles de rang pair. Dans la première, qui symbolise les naissances uniques, les plantes dites mâles et femelles sont respectivement associées à la saison des pluies et à la saison sèche ; dans la seconde qui symbolise les naissances gémellaires, la même relation existe, mais inversée (1962 : 53).

Et de préciser que chaque famille est répartie dans l'une des trois catégories : arbre, arbuste, herbe. Cette répartition se décline de façon différente chez les Peul où les végétaux selon leur statut : plantes à tronc vertical, plantes grimpantes, plantes rampantes sont mises en correspondance avec une partie du corps, une technique, une classe sociale, une institution (*ibid.* : 53-54).

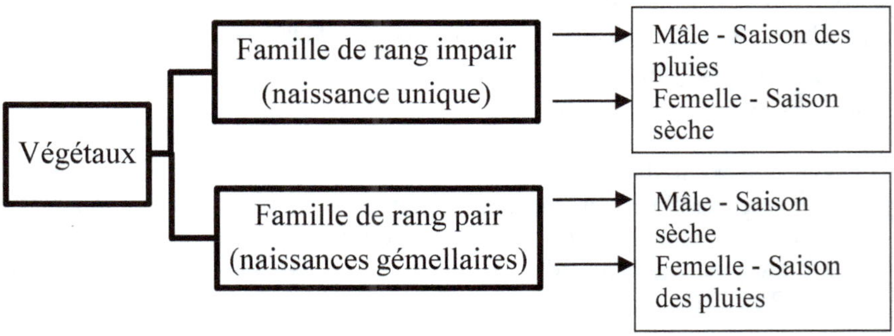

Figure 17 – Corrélation entre observation et organisation chez les Dogon

Si cette observation est liée à une mise en relation de type analogique, très singulièrement, la répartition des objets observés est de type binaire, ce qui n'est pas sans rappeler la microstructure où la binarité (gamète mâle associé au gamète femelle) en est le fondement, du moins en ce qui concerne l'espèce à laquelle nous appartenons.

Les différentes formes de classification du monde du vivant ont évolué à travers le temps. Ainsi la classification fixiste était réalisée à l'échelle usuelle de l'être humain, dite « à l'œil nu ». Elle a été effectuée à partir de différents critères d'appartenance (similitude et différence). Aristote classait les êtres vivants en quatre catégories : minéral, végétal, animal et homme. La complexification graduelle du cristal à l'homme jusqu'au créateur en était le fondement.

La classification de Linné, botaniste suédois, a été fondée sur la base de critères de ressemblance et a été retranscrite sous la forme d'une arborescence : règne, embranchement, classe, ordre, famille, genre, espèce, comme il est mentionné ci-dessous :

> Un ordre, par ce fabuleux travail de recension et de comparaison qui l'a conduit à grouper espèce par espèce plusieurs dizaines de milliers de formes vivantes animales et végétales. Un langage, **par la mise au point de la nomenclature dite « binomiale » ou « binominale »,** celle qui permet seule de ne prononcer que deux mots pour désigner sans ambiguïté une espèce. On sait en effet que le premier de ces mots, le *nom générique,* est commun à plusieurs espèces voisines l'une de l'autre, tandis que le second, ou *nom spécifique,* qui est d'ailleurs souvent un adjectif, ne s'applique qu'à une seule espèce à l'intérieur du genre[134].

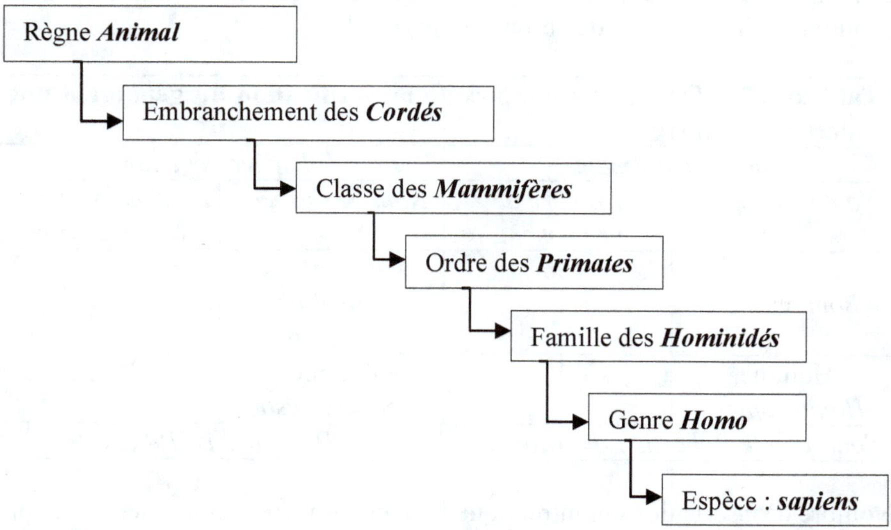

Figure 18 – Nomenclature binomiale de Linné avec le nom du genre associé avec celui de l'espèce *(Homo sapiens)*

---

[134] https://www.larousse.fr/encyclopedie/personnage/Carl_von_Linn%C3%A9/130020 – Page consultée le 26 mai 2019.

Cette configuration est de l'ordre de la taxinomie, appelée également « taxonomie ». À l'image des poupées russes, les catégories sont imbriquées les unes dans les autres allant de la plus générale à la plus spécifique. Elles sont désignées par le terme : « taxon ». Écrits en italique, ils commencent toujours par une majuscule, quant à la caractéristique de l'espèce, elle fait appel à l'usage des deux taxons : genre et espèce. Rédigée toujours en italique, la première lettre du taxon « espèce » est écrite en minuscule. L'ensemble est rédigé en langue latine.

À propos du choix de Linné concernant le système reproducteur :

> De nombreux auteurs avaient déjà repéré que le système de reproduction des végétaux avait des analogies avec celui des animaux : on parle de fleurs mâles et de fleurs femelles. La *Clavis systematis sexualis* va utiliser les organes sexuels des végétaux pour en faire la base d'une classification[135].

Avec l'évolution liée à la prise de conscience, des chercheurs comme Buffon, essayiste, naturaliste, ont une approche autre de la configuration d'une espèce : « c'est la succession constante et le renouvellement non interrompu de ces individus qui la constituent[136] », ce qui renvoie, implicitement, au code génétique, lequel ne peut être activé qu'entre espèces ayant un facteur commun, soit le nombre de chromosomes (tableau 27).

Tableau 27 – Quelques exemples de la codification du génome d'une espèce à une autre			
Espèce animale		***Espèce végétale***	
Nom de l'espèce	*Nombre de chromosomes*	*Nom de l'espèce*	*Nombre de chromosomes*
Ver à soie, *Bombyx mori*	56	Melon d'eau, *Citrullus vulgaris*	22
Homme, *Homo sapiens*	46	Pomme, *Malus sylvestris*	34, 51
Source : De Robertis Eduardo D.P. & E.M.F. De Robertis, 1983 : 28.			

Nombre d'observations montrent que l'adaptation à un environnement donné peut modifier certaines spécificités de l'unité du vivant. L'étude réalisée par Lamarck en 1809 : *Philosophie zoologique* a ouvert sur le transformisme.

Ce constat a été à l'origine du darwinisme, théorie de l'évolution des espèces développée par Darwin :

---

[135] https://enseignement-latin.hypotheses.org/8119 – Page consultée le 27 mai 2019.

[136] Œuvres complètes de Buffon, Volume 5 De comte Georges Louis Leclerc de Buffon, 1835 : 35.

> Tous les individus d'une même espèce et toutes les espèces d'un même genre, même chez les groupes supérieurs, descendent de parents communs ; en conséquence, quelques distants et quelques isolés que soient actuellement les points du globe où on les rencontre, il faut que, dans le cours des générations successives, ces formes parties d'un seul point aient rayonné vers tous les autres (1869 : 646).

Quant à la modification du génome lié à l'environnement, Darwin cite l'exemple suivant : « Chez les animaux, l'usage ou le non-usage des parties a une influence plus considérable encore. [...] Ainsi, proportionnellement au reste du squelette, les os de l'aile pèsent moins et les os de la cuisse pèsent plus chez le canard domestique que chez le canard sauvage[137] ».

Parallèlement à l'observation *in situ*, dont le décodage est réalisé par le biais de l'analyse et de la vérification, de nombreux artéfacts liés à des études beaucoup plus minutieuses de notre environnement sont désormais réalisés *in vitro* avec l'usage de technologies très élaborées comme le microscope électronique, par exemple.

Les différentes approches que nous avons de notre biotope montrent qu'au fur et à mesure que les avancées scientifiques progressent, l'être humain intègre des niveaux de réalité autres que celui perçu usuellement. C'est un peu comme si notre macrostructure s'inscrivait dans la microstructure en se servant d'une interface technologique. Concernant l'univers et sa compréhension quant à ses composants et à ses origines, le passage de la macrostructure humaine à l'hyperstructure spatiale, par le biais de technologies de pointe, en est la résultante.

Ceci posé, qu'en est-il d'une forme de programmation préétablie en amont du vivant ?

2.1.1. De l'échelle des grandeurs à l'échelle des valeurs

Comme nous l'avons noté précédemment, les objets du monde perçus à notre échelle peuvent l'être, désormais, à des échelles différentes grâce aux technologies de plus en plus performantes.

Dans le monde du vivant, la redistribution de ses unités prend sa source de la microstructure pour s'inscrire dans la macrostructure. Dans la microstructure, y sont inscrites nombre de cellules comme les bactéries,[138]

---

[137] *Op.* Cit. Darwin, 1896 : 34.

[138] Une bactérie est une cellule, sans noyau et de taille de l'ordre du micromètre (1 millième de millimètre). Les cellules eucaryotes sont en général plus grosses et possèdent un noyau. Les virus ne sont pas des cellules et sont considérés par la majorité des chercheurs comme non-

mais aussi les virus, ainsi que les potentialités génétiques dont l'activation va leur permettre d'intégrer notre macrostructure sous la forme d'unités du vivant spécifiques à un code donné. Dans la macrostructure, leur reconfiguration est déclinée sous des formes très variées dans le monde du végétal comme dans celui de l'animal. Ces particularités vont pouvoir s'inscrire dans une autre échelle, celle des valeurs ou caractéristiques qui leur sont propres (figure 19).

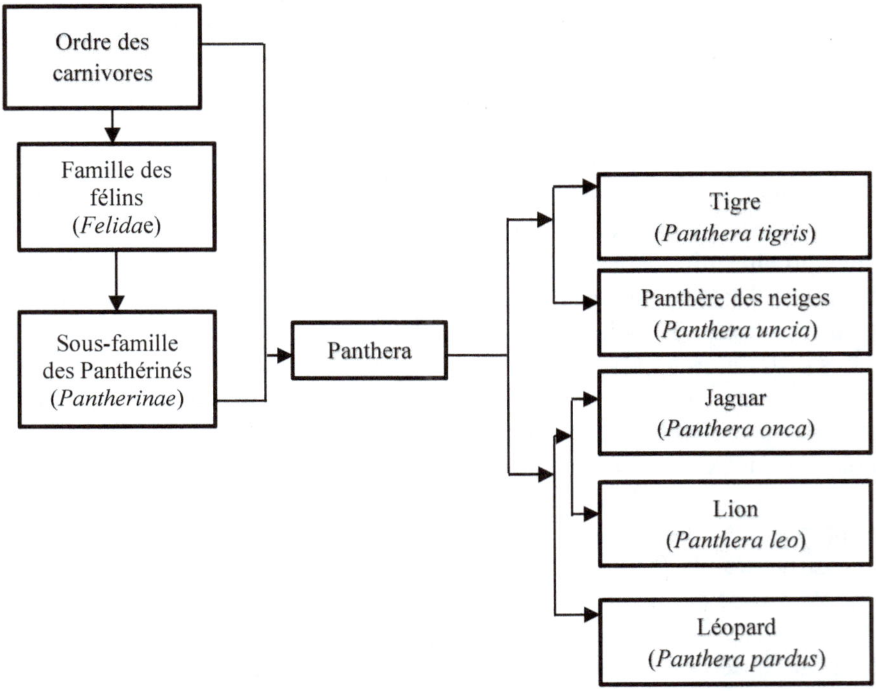

Figure 19 – Organigramme phylogénétique de la sous-famille des Panthérinés
Source :
https://www.universalis.fr/encyclopedie/carnivores/3-systematique-et-caracteristiques-des-familles/ – Page consultée le 30 mai 2019.

Au niveau de la réécriture temporelle de l'évolution, la matrice est un organigramme présenté sous la forme d'une arborescence.

Le langage est notre outil de communication, certes, mais il est également un outil traducteur de notre environnement et de ses composants. La

---

vivants. https://www.rts.ch/decouverte/sante-et-medecine/corps-humain/8985366-quelle-est-la-difference-entre-une-cellule-une-bacterie-et-un-virus-.html – Page consultée le 30 mai 2019.

retranscription y est exacte lorsque l'accès à l'ensemble des informations a pu être exécuté, ce qui est de plus en plus réalisé à notre époque. Comme nous l'avions noté précédemment, une approche parcellaire des objets du monde y est retraduite par leur représentation dérivée de la pensée analogique et, parfois, fort éloignée de leur fondement.

Cette matrice de type arborescent va servir de soubassement à la traduction de l'organisation des objets du monde, lorsque des facteurs, comme une unité de base commune redistribuée différemment sera activée. Prenons l'exemple d'artéfacts comme l'automobile (figure 20).

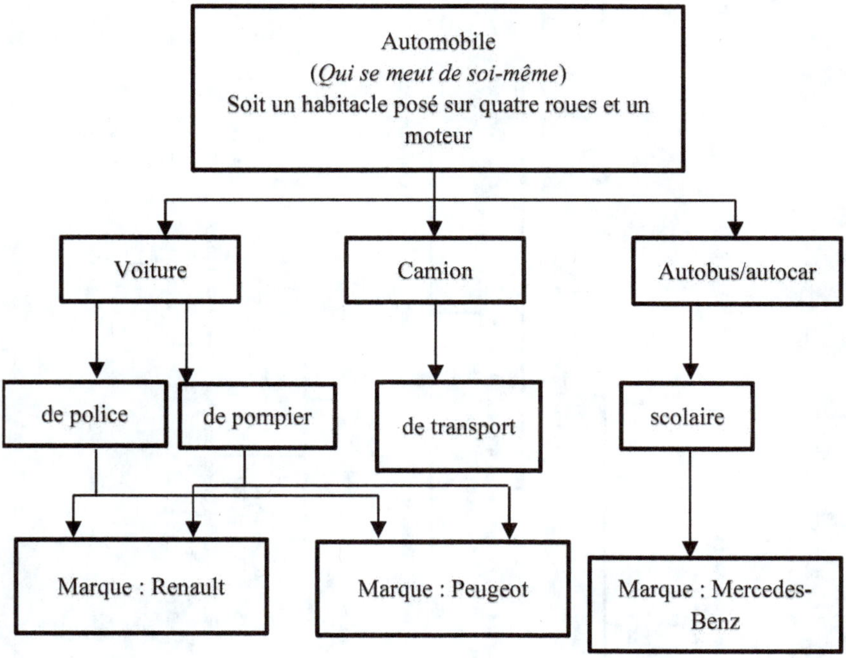

Figure 20 – Organigramme de type arborescent à partir de l'unité lexicale : « automobile »

Comme nous pouvons le noter, l'organigramme renvoie à une forme de programmation où des objets inscrits dans une structure similaire peuvent y être intégrés *de facto*. Les facteurs, composant ces organigrammes comme l'arbre phylogénétique, la généalogie, sont les suivants (cf. figure 21) :

- La matrice de base de l'ensemble des objets faisant partie de la même famille ou groupe ;
- La déclinaison, en synchronie et en diachronie, de l'ensemble des composants dans l'échelle des valeurs (caractéristiques) ;
- La déclinaison de l'ensemble des composants dans l'échelle des grandeurs (microstructure et macrostructure).

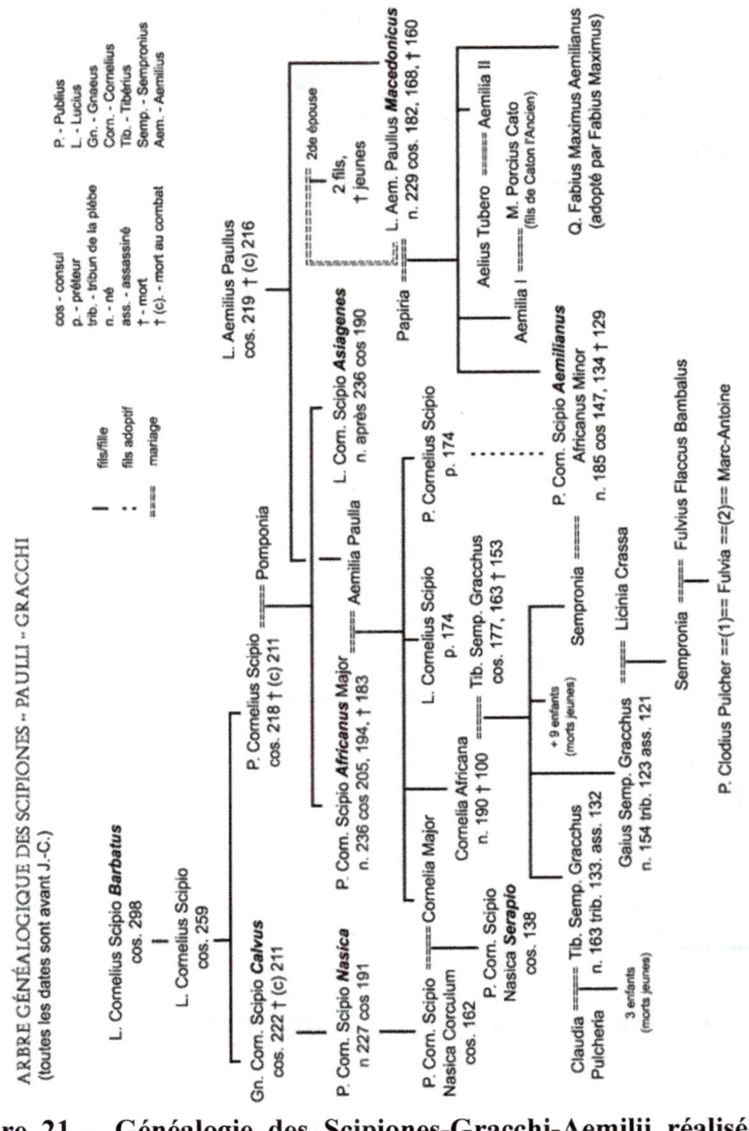

Figure 21 – Généalogie des Scipiones-Gracchi-Aemilii réalisée par Treanna[139]

En linguistique, l'hyperonymie et l'hyponymie en sont la représentation (figure 22).

---

[139] *Source :* https://commons.wikimedia.org/w/index.php?title=Special:Search&limit=500&offset=0&profile=default&search=g%C3%A9n%C3%A9alogie&advancedSearch-current={}&uselang=fr&ns0=1&ns6=1&ns12=1&ns14=1&ns100=1&ns106=1#/media/File:GeneSPC.png – Page consultée le 30 mai 2019.

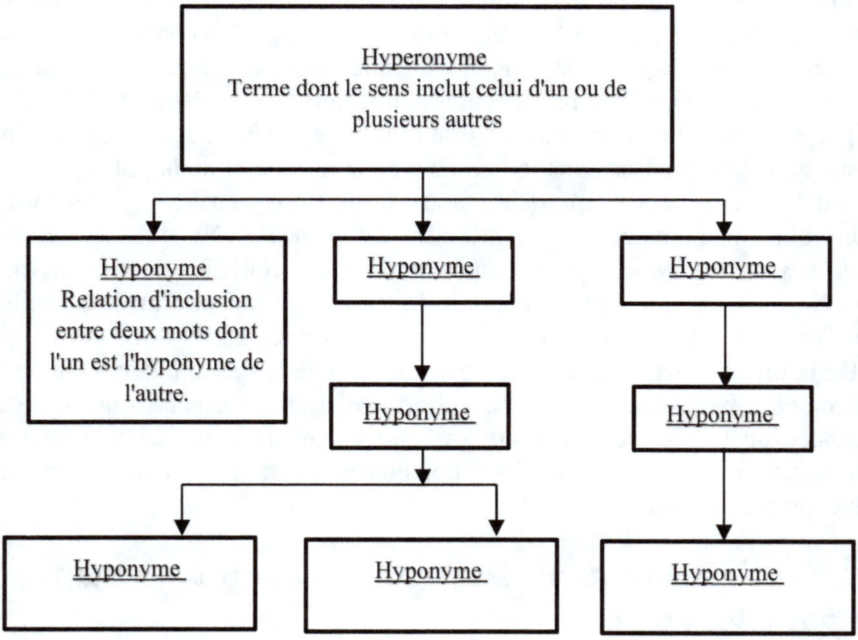

Figure 22 – Organigramme de type arborescent construit à partir de l'hyperonymie et de l'hyponymie

Finalement, comme nous pouvons le constater, la configuration de la réécriture des objets du monde nés d'une matrice unique est similaire à l'ensemble, soit un organigramme représenté sous la forme d'une arborescence. Étrange hasard qui renvoie indirectement à l'informatique… où l'organigramme correspond à un outil informatif et organisationnel.

En relation avec l'échelle des grandeurs et des valeurs, la prise de conscience, en tant qu'un des outils participant au décodage de notre univers, s'inscrit également dans l'évolution de notre histoire personnelle ; elle peut être activée, ou pas.

Le facteur temps, imbriqué à tous les niveaux de notre vie, avec l'apport de connaissances nouvelles et de la mise en relation de différents éléments les composant, est une ouverture à d'autres niveaux d'entendement des objets du monde. Bien que toujours intégrés dans notre identité liée à notre appartenance à l'espèce *Homo sapiens*, des évènements majeurs comme le décès d'un proche, une rencontre imprévue, notre avancée dans l'âge, ou d'autres faits, sont à l'origine d'une compréhension nouvelle de notre environnement ; l'échelle des grandeurs y est également présente. En effet, l'évolution de la perception que nous avons du monde entre la petite enfance et la vieillesse fonctionne comme une sorte de cône où l'ajout des informations imbriquées les unes dans les autres, avec l'avancée dans l'âge, en permet une vision beaucoup plus large, ce qui fait écho à des unités lexicales comme : « sage » qui, sous sa forme adjectivale correspond à une « personne instruite, savante » (Rey, 2006 : 3353), ce qui réfère, entre autres, aux « Sept Sages de la Grèce, [...] sept philosophes et hommes d'État qui, au VIe siècle. Av. J.-C., se sont illustrés par leur sagesse dans le domaine de la morale et de la politique[140] ». En relation avec cette approche, nous la retrouvons avec les Anciens : « Écrivains, personnages de l'Antiquité. *La querelle des Anciens et des Modernes*[141] ». « Aîné » en est un synonyme et renvoie, dans sa forme plurielle, à : « Ceux qui précèdent dans le temps, qui jouent un rôle essentiel dans l'évolution d'un mouvement intellectuel, spirituel, etc.[142] ».

De la microstructure à la macrostructure, l'échelle des grandeurs s'inscrit également dans le temps avec un apport croissant de connaissances lié à l'avancée de la vie, ce qui ouvre sur une vision de notre environnement devenant de plus en plus globale et nous en permettant une compréhension beaucoup plus subtile.

2.2. De l'imbrication ad infinitum ou une histoire de poupées russes

Dans une étude réalisée sur la relation entre gènes et sentiments, Orehek montre que l'interdépendance entre espèces appartenant au monde du vivant fait partie des facteurs leur permettant de survivre tant en synchronie qu'en diachronie :

> Pour survivre, les espèces dépendent les unes des autres. Les enfants apprennent à l'école l'enchaînement de la vie : minéral → végétal → herbivore → carnivore. Sans amibe, pas d'homme. Cette interdépendance interespèce se double, pour les espèces sociales comme l'espèce humaine, d'une interdépendance intraespèce (2004 : 80).

Ce qui renvoie au phénomène d'imbrication, objet de l'étude réalisée dans ce sous-chapitre. L'occurrence verbale : « imbriquer[143] » signifie : « Disposer des choses en les faisant se chevaucher », mais aussi : « Être lié de façon indissoluble ou difficilement séparable ».

Dans notre univers et, plus spécifiquement, dans notre biotope, soit la planète Terre, la traduction de l'imbrication prend des aspects très variés. Ainsi,

---

[140] https://www.cnrtl.fr/definition/sage – Page consultée le 2 juin 2019.
[141] https://www.cnrtl.fr/definition/anciens – *Ibid.*
[142] https://www.cnrtl.fr/definition/a%C3%AEn%C3%A9 – Ibid.
[143] https://www.cnrtl.fr/definition/imbriquer – Page consultée le 9 juin 2019.

l'interrelation existant entre certaines espèces leur permet une survie assurée dans la mesure où aucun élément extérieur n'interfère. À ce propos, dans un ouvrage traitant de botanique, Pelt en donne de nombreux exemples comme ces plantes carnivores dénommées : « myrmécophiles » (amies des fourmis) qui ont conclu une manière de contrat avec les fourmis, lesquelles en échange de l'abri que ces plantes leur offrent, leur apportent des insectes qu'elles ont capturés (1996 : 194). Dans une autre étude mettant en relation reproduction végétale et insectes, ce chercheur précise : « Il fallut attendre la fin de l'ère secondaire pour qu'une alliance étroite, la plus belle symbiose de l'histoire de la vie, engage plantes et insectes dans une aventure commune ».

Afin d'assurer leur pollinisation, les plantes utilisèrent de nombreux moyens afin de mieux attirer les insectes, porteurs de leur reproduction,

> [avec] des corolles rutilantes, du nectar succulent, des odeurs attirantes, et parfois même des artifices déroutants comme le mimétisme, lorsqu'une fleur se met à ressembler à un insecte. [...] C'est ce que font, non sans succès, les ophrys, orchidées herbacées des régions tempérées (Pelt, 2010 : chapitre 10).

Et cet auteur d'ajouter : « Parmi ces insectes, les papillons et les abeilles tiennent le haut du pavé » (*ibid.*).

« Interdépendance signifie solidarité, mais aussi lutte des espèces » comme le stipule Orehek (2004 : 80), ce qui est parfaitement illustré avec les chaînes alimentaires, lesquelles « sont composées d'une succession de végétaux et d'animaux où chacun est mangé par le suivant. Elles montrent parfaitement à quel point les êtres vivants dépendent les uns des autres » (*cf.* Encyclopédie Larousse[144]). Mode instinctuel renvoyant au niveau 1 de la pyramide de Maslow, ce qui correspond à nos besoins physiologiques (nourriture, vêtement, logement...).

Nous allons exemplifier ce processus avec quelques exemples extraits du site : *https://commons.wikimedia.org* où les informations y figurant peuvent être téléchargées et utilisées : elles sont libres de droit (figure 23).

---

[144] https://www.larousse.fr/encyclopedie/divers/cha%C3%AEne_alimentaire/187208 – *Ibid.*

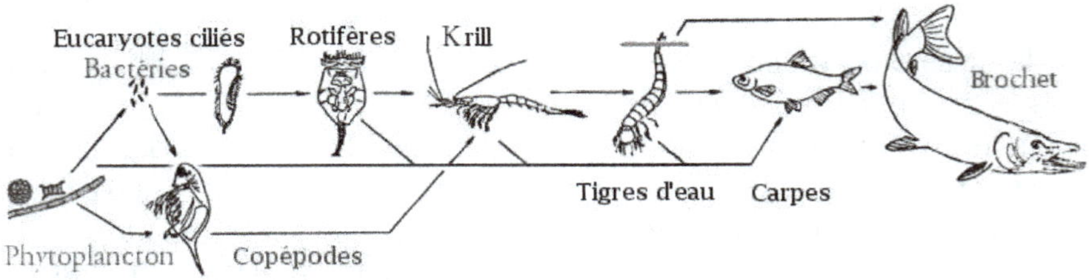

Chaîne alimentaire typique d'un lac
Source : https://commons.wikimedia.org/wiki/File:Chaine_predation2.png

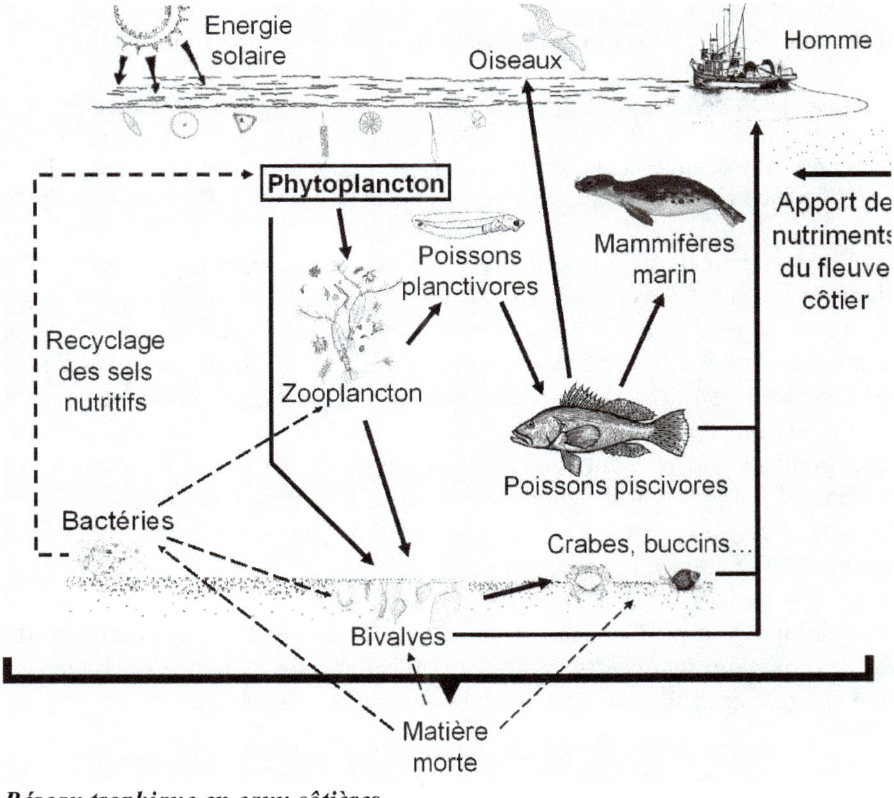

Réseau trophique en eaux côtières
Source : By Marulio - Own work, CC BY-SA 3.0
https://commons.wikimedia.org/w/index.php?curid=16980072

Figure 23 – Quelques exemples de réseaux trophiques dans le monde du vivant

Les réseaux trophiques[145] présentés ci-dessus montrent bien que l'imbrication y est omniprésente.

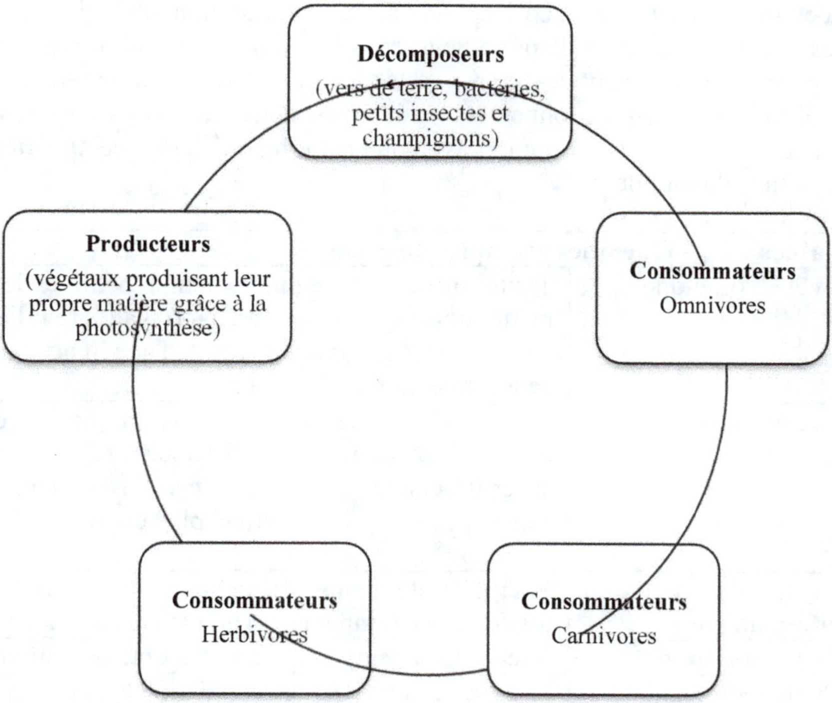

Figure 24 – Schéma de la chaîne trophique

Comme nous pouvons le constater dans la figure 24, le cycle de la chaîne alimentaire inclut les producteurs qui en sont le premier maillon, soit les végétaux produisant leur propre matière avec la photosynthèse, les consommateurs qui, eux, ne peuvent bénéficier du phénomène de la photosynthèse et ont donc besoin de consommer d'autres unités du vivant afin de survivre ; il en est ainsi des herbivores ou phytophages : brouteurs (âne), rongeurs (lapin) pour ne citer que les plus communs. Les carnivores, quant à eux, consomment d'autres animaux ; les félidés et les canidés en sont les plus connus. Chez l'omnivore, la subsistance se décline entre végétal et animal ; l'*Homo sapiens* l'illustre parfaitement.

Liée au facteur temps, cette forme de programmation en relation avec l'entropie prend forme à travers la décomposition de la matière organique (nécromasse, excretas). Les décomposeurs en sont les outils vivants (bactéries, champignons : moisissures, actinomycètes..., protozoaires :

---

[145] Relatif à la nutrition des organes, des tissus. *Cf.* https://www.cnrtl.fr/definition/trophique – *Ibid.*

amibes, vers de terre) ; ils les restituent alors à la nature sous la forme d'éléments minéraux, et le processus est réamorcé.

L'occurrence « cycle » correspond à la « succession de phénomènes présentant un caractère de périodicité dans le temps ou, plus rarement, dans l'espace, et constituant les étapes d'une évolution de l'état initial à l'état final[146] », mode de fonctionnement répétitif que nous retrouvons dans nombre de manifestations en corrélation avec une série bien déterminée appartenant aux objets du monde.

Tableau 28 – Quelques exemples de cycle	
Cycle biologique	Toute succession régulièrement répétitive de la même suite de phénomènes, à intervalles réguliers, dans l'existence d'un être vivant, d'une lignée ou de l'ensemble du monde vivant[147].
Cycles biosphériques	Suite cyclique des composés chimiques et des êtres vivants au sein desquels se trouvent successivement engagés certains éléments simples : eau, carbone, azote, phosphore, calcium, oxygène[148].
Cycle de base en informatique	Intervalle de temps élémentaire sur lequel est fondé le fonctionnement d'un ordinateur[149].
Cycle menstruel	Intervalle de temps séparant deux menstruations.
Cycle reproductif	De l'œuf fécondé à celui de la génération suivante.

Ces processus correspondent dans leur fonctionnement à la thermodynamique, soit la « succession de transformations qui ramènent un système dans son état initial[150] ».

L'imbrication est un des éléments majeurs du phénomène de cycle. En effet, si un élément disparaît, la résultante ne pourra se réaliser (figure 25). Évoquer la robotique en relation avec le monde du vivant peut paraître singulier, mais ce qui l'est, précisément, c'est la réécriture du fonctionnement de la chaîne alimentaire qui est similaire à celle d'un système automatisé. En effet, inscrite en amont de l'automatisme, la programmation est liée à des capteurs : le

[146] https://www.cnrtl.fr/definition/cycle – Page consultée le 10 juin 2019.
[147] https://www.larousse.fr/encyclopedie/divers/cycle_biologique/185936 – *Ibid.*
[148] *Ibid.*
[149] *Ibid.*
[150] *Ibid.*

capteur est à l'état logique 1 lorsqu'il est activé (il capte quelque chose, par exemple des végétaux pour les herbivores) et, inversement, il est à l'état 0, s'il ne capte rien (modification de la faune ou de la flore).

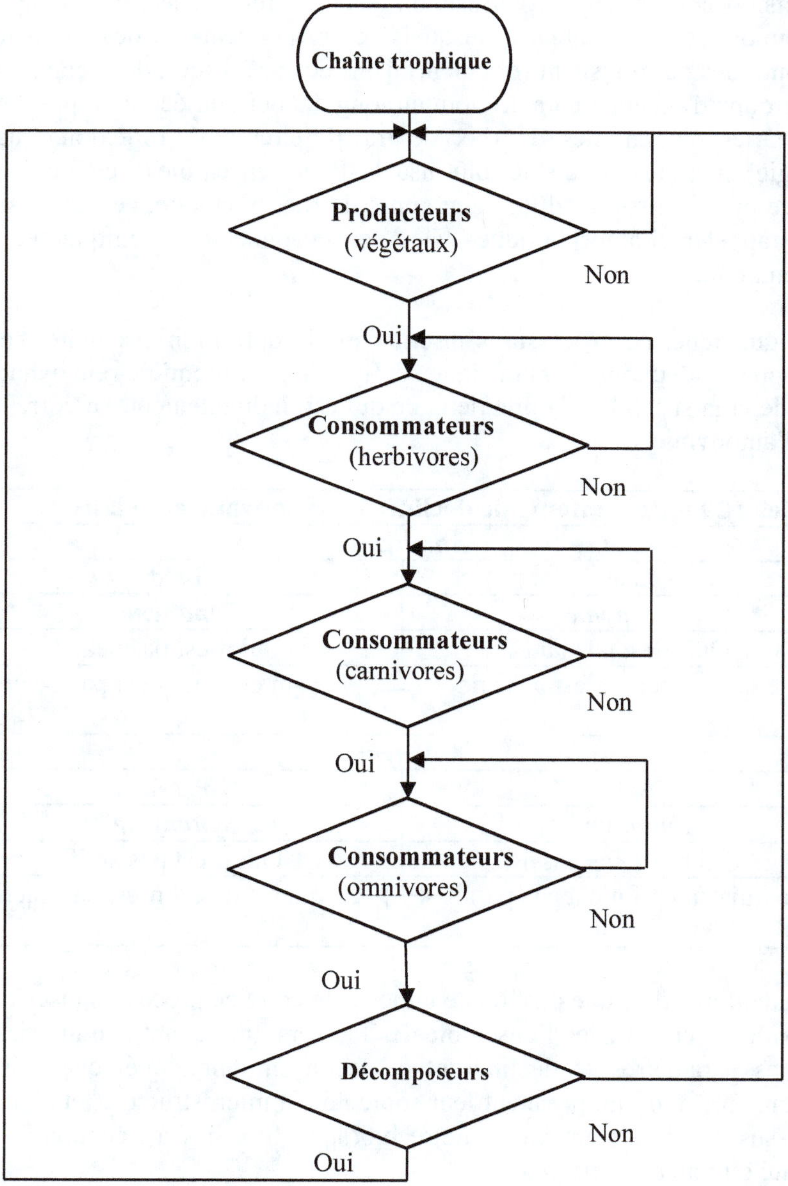

Figure 25 – Logigramme de la chaîne trophique

Nous retrouvons ces chaînes de diagramme de flux circulaire dans les sociétés humaines (artéfacts divers comme un moteur, transformateur d'énergie), mais aussi dans le cadre de pratiques sociales comme l'économie circulaire, laquelle « regroupe un ensemble de pratiques, hiérarchisées selon leurs impacts, visant à optimiser l'utilisation des matières et énergies[151] », les flux économiques et financiers, lesquels correspondent à des « quantités économiques qui transitent (circulent) d'un secteur à l'autre de l'économie ou d'un groupe d'agents à un autre tout au long d'un circuit économique[152] » ou, encore, les diagrammes de flux de travail circulaire (réflexion, qualité, stratégie), pour ne citer que les plus usuels. Pour l'ensemble de ces chaînes, la matrice prend sa source d'un diagramme de flux circulaire, ce qui n'est pas sans rappeler l'algorithmique liée au raisonnement logique et aux mathématiques.

En linguistique, ce processus s'inscrit dans la définition circulaire, ce qui correspond à deux unités phrastiques définitoires, la première renvoyant à la seconde et la seconde à la première, ce qui est, indirectement, en corrélation avec l'antonymie.

Tableau 29 – De l'antonymie déclinée en synonymie circulaire	
Antonymes	
Beau	Laid
Synonyme	***Synonyme***
Qui n'est pas laid	Qui n'est pas beau
Ce qui est beau n'est pas laid ⟷ Ce qui est laid n'est pas beau	
Antonymes	
Actif	Passif
Synonyme	***Synonyme***
Qui n'est pas passif	Qui n'est pas actif
Ce qui est actif n'est pas passif ⟷ Ce qui est passif n'est pas actif	

Cependant, il existe une différence importante entre ce processus inscrit dans le monde du vivant avec l'ensemble des facteurs impliquant une imbrication dont les paramètres se déclineront de façon similaire, quel que soit son environnement, et qui prennent leur source de la microstructure, et ce même processus réécrit au niveau de notre biotope : flux liés à l'économie, à la stabilité ou non d'un état, etc.

---

[151] https://www.economiecirculaire.org/economie-circulaire/h/du-concept-a-la-pratique.html#page1:local – *Ibid.*
[152] https://www.cnrtl.fr/definition/flux – *Ibid.*

Dans le premier cas de figure, l'instinct déterminant les comportements des unités du vivant en est l'élément de base. La chaîne alimentaire en est un des exemples les plus pertinents. Si une rupture survient, l'ensemble des éléments sera déstabilisé, ce qui n'empêchera pas la matrice de base de réactualiser ses données (producteurs, consommateurs et décomposeurs) sous des formes différentes afin de redémarrer le programme, lequel prend sa source à partir de la microstructure (codes génétiques, particules élémentaires).

Dans le second cas de figure, soit la réécriture de ce processus algorithmique au sein de notre macrostructure, l'interdépendance entre différentes caractéristiques (économie, société, idéologie…) ouvrira un état spécifique décliné de manière plus diversifiée ; le biotope au sein duquel nous sommes intégrés est ouvert, d'où des modifications plus variées. Dans le biotope fermé, générateur des unités de la matière, la programmation prédéterminée n'en permet pas des transformations majeures (modification du territoire occupé par tel organe chez tel animal, végétaux se déplaçant sur le terrain…).

2.3. La nature aurait-elle peur du vide ?

L'aphorisme d'Aristote : « la nature a horreur du vide » ne correspondrait-il pas à une sorte d'intuition qu'en avait ce philosophe grec ? À ce propos, Orehek mentionne : « Le combat pour la vie est un équilibre de forces. Les forces s'exerçant dans toutes les directions, à tous les instants, il n'y a pas de créneau de libre. Le moindre recoin est occupé » (2004 : 80).

Dans le cadre de l'analyse relative à l'imbrication au sein de notre biotope fermé par rapport au système solaire, nous avions constaté que chaque objet était à la fois imbriqué dans un autre, tout en étant relié à certains. Ainsi, la base de données du végétal correspond à l'acide désoxyribonucléique (ADN) qui « est le support universel de l'information génétique chez les êtres vivants[153] ». Quant à sa réalisation à notre échelle, il correspond à :

> […] un ensemble de racines, tiges, feuilles, fleurs (avec port arborescent, buissonnant, herbacé ou rampant), formé de cellules à paroi cellulosique, capable d'élaborer ses matières organiques (notamment par photosynthèse chez les espèces vertes) à partir des éléments minéraux et gazeux de l'environnement ou vivant en symbiose, en parasitisme avec d'autres espèces, caractérisé par une mobilité et une sensibilité relativement faibles, se reproduisant par voie sexuée ou végétative[154].

---

[153] https://www.gnis-pedagogie.org/biotechnologie-biologie-adn-information-genetique.html – Page consultée le 14 juin 2019.

[154] https://www.cnrtl.fr/definition/v%C3%A9g%C3%A9tal – *Ibid.*

Prenons l'exemple de la plante *Solanum lycopersicum* (tomate) dont l'imbrication prend sa source de son ADN (microstructure) et dont la réalisation s'inscrit dans notre macrostructure. Dans l'organigramme (figure 26), il y est représenté l'ensemble des éléments au sein desquels cette plante est imbriquée (arborescence), mais aussi auxquels elle est liée indirectement comme la nourriture (réseau) ; la réciprocité y figure également (plante/photosynthèse). Le vide y est inexistant.

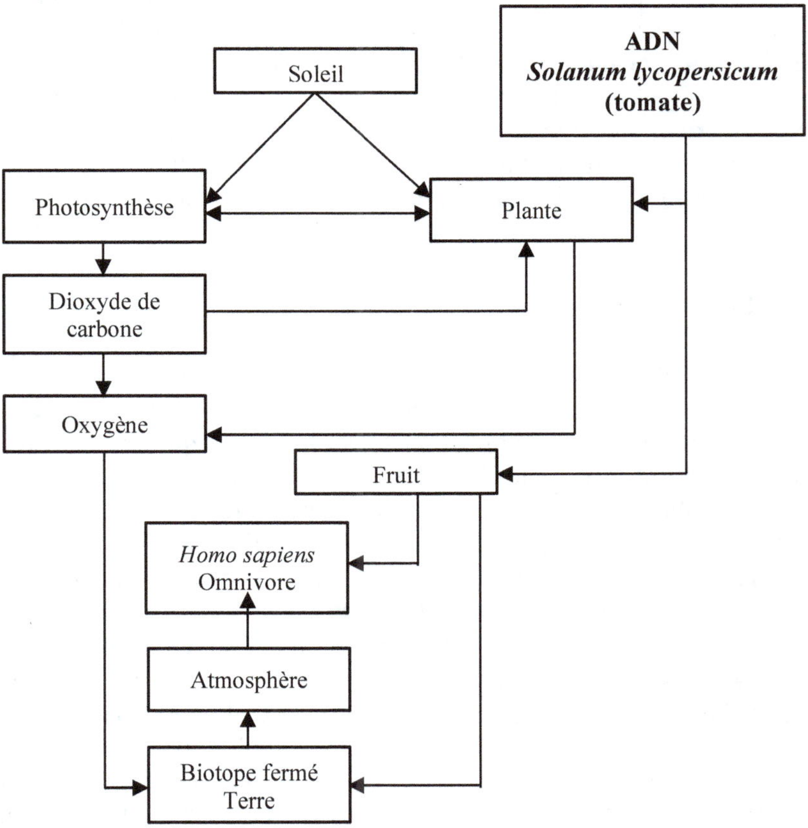

Figure 26 – Organigramme de la *Solanum lycopersicum* inscrite dans un système fermé

Finalement, quelle que soit l'unité inscrite dans notre biotope : la Terre, qu'elle soit vivante ou inorganique, exemplifiée dans le cadre de cet organigramme, elle sera liée à l'ensemble de son environnement sans pour autant que le vide y soit inscrit.

En linguistique, des expressions usuelles comme « être en attente de », « être en manque de », « avoir besoin de » reflètent ce que le locuteur traduit de son ressenti à travers le langage. Il est fait appel à la tournure de style appelée « métonymie » désignant « […] une entité conceptuelle au moyen d'un terme qui, en langue, en signifie une autre, celle-ci étant, au départ, associée à la première par un rapport de contiguïté[155] ».

Les occurrences lexicales « attente », « manque » et « besoin » appartiennent au même champ sémantique (figure 27).

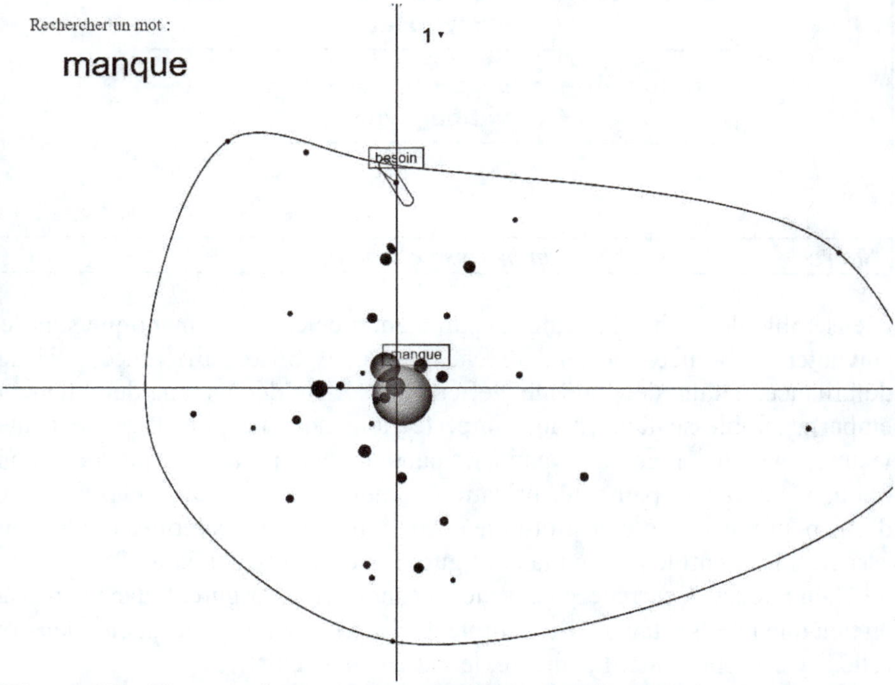

Figure 27 – Espace sémantique articulé autour de la lexie « manque »
Source : http://crisco.unicaen.fr/espsem/manque

Les occurrences lexicales en relation directe avec le terme « besoin » sont redistribuées comme suit (tableau 30).

---

[155] https://www.cnrtl.fr/definition/m%C3%A9tonymie – *Ibid.*

Tableau 30 – De l'occurrence lexicale « besoin » et de ses liens directs dans le cadre de son espace sémantique
CLIQUES DE : **besoin** besoin disette dénuement indigence manque pauvreté pénurie besoin disette indigence manque pauvreté privation pénurie
Source : http://crisco.unicaen.fr/espsem/manque

L'ensemble des unités lexicales appartenant à ce champ sémantique sont les suivantes : absence, besoin, brèche, carence, crise, différence, disette, défaillance, défaut, défectuosité, déficience, déficit, dénuement, dérèglement, embarras, faiblesse, faute, hiatus, imperfection, indigence, insuffisance, jeûne, lacune, manque, manque à gagner, manquement, nullité, néant, omission, oubli, paupérisme, pauvreté, privation, pénurie, rareté, trou, vide. Chacune d'elle peut jouer le rôle de mot-pôle et être ainsi reliée aux termes qui lui sont associés, l'ensemble prenant la configuration d'un réseau (figure 28).

Bien que les occurrences : absence, néant et vide y figurent, dans le réseau en tant que représentant de l'ensemble de l'espace sémantique, aucun lien non relié n'y est représenté. Là encore, le vide ne peut exister.

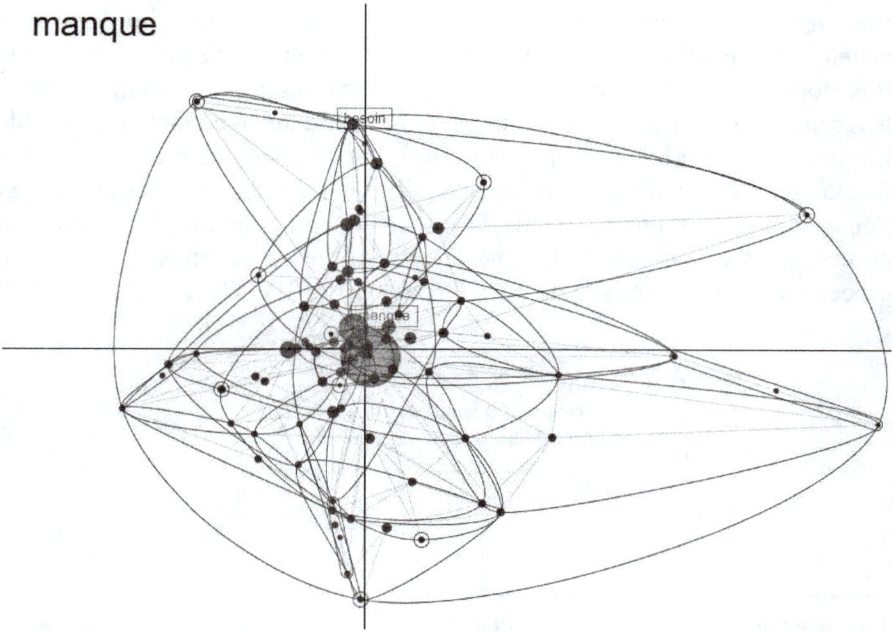

Figure 28 – Espace sémantique de la lexie « manque » associée aux réseaux créés à partir des mots-pôles
Source : http://crisco.unicaen.fr/espsem/manque

Désirer quelque chose ouvre sur une attente qui ressemble quelque peu à un appel d'air. Il s'agit de la mise en place d'un déséquilibre entre notre quotidien inscrit dans la stabilité à un moment T et le désir ouvrant sur une attente. Surcompenser un manque est un mode de fonctionnement ouvrant sur une forme de rééquilibre provisoire. Lorsque l'attente a été compensée, l'ensemble se restabilise. Comme nous pouvons le constater, le vide ne peut s'inscrire dans notre biotope.

2.4. Entre néguentropie et entropie, une histoire d'équilibre

Ordre et désordre sont deux phénomènes qui n'existent dans notre univers que parce que le facteur temps joue le rôle de transformateur. Ils ont pour synonymes les occurrences lexicales suivantes : « néguentropie » pour ordre et « entropie » pour désordre. Si absence de la dimension temporelle il y avait, l'univers resterait à l'état statique, si tant est qu'il puisse exister.

Le facteur temps réinscrit à notre échelle renvoie à la naissance et à la mort avec, entre ces deux portes d'entrée et de sortie, nombre de modifications concernant notre enveloppe corporelle, mais aussi notre environnement.

Prenons l'exemple de la décomposition et de la nutrition du monde animal et végétal, phénomènes dont l'imbrication en est l'élément de base. Encore une fois, nous pouvons noter que la configuration de l'ensemble des unités formant le réseau, entre nutrition et décomposition, n'offre aucune place pour le vide. La transformation permanente y est omniprésente avec, en soubassement, le facteur temps servant de matrice aux différents paramètres qui composent l'ensemble de ses unités comme la minéralisation primaire M1 qui est un processus assez rapide, tandis que la minéralisation secondaire M2 est un processus très lent, à raison de 2 – 3 % par an[156] (2011 : 22).

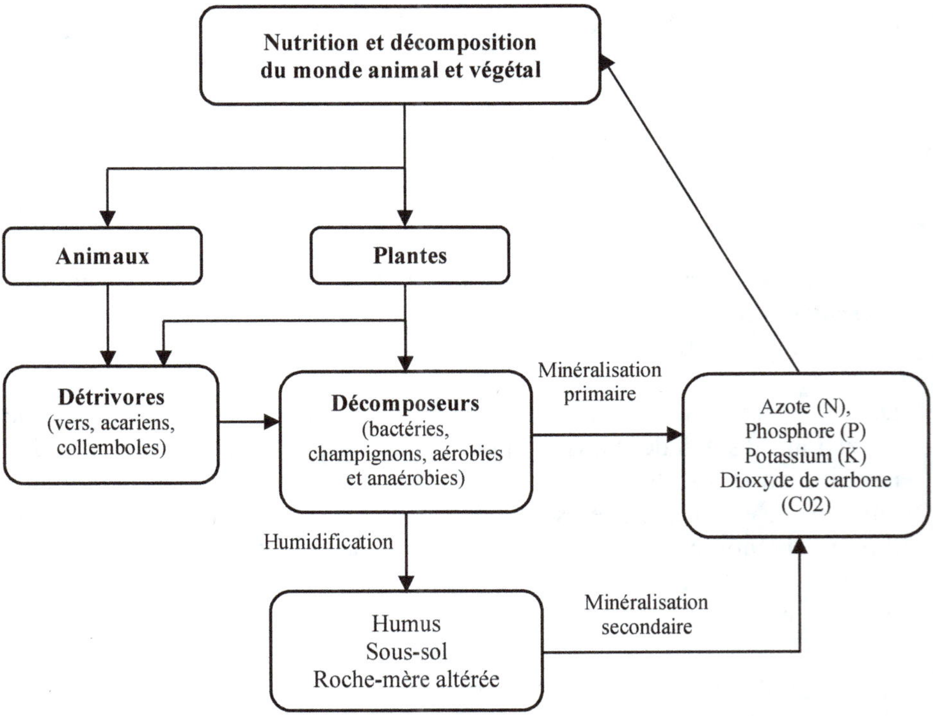

Figure 29 – Entre entropie et néguentropie, cycle de la matière organique
Source informative : https://commons.wikimedia.org/wiki/File:Cycle_min%C3%A9ralisation-humification.svg

---

156 http://www.occitanie.chambre-agriculture.fr/fileadmin/user_upload/National/FAL_commun/publications/Occitanie/GuidePO_Tome1_chapitre_2.pdf – *Ibid.*

Ordre et désordre… chacun de nous s'y inscrit dans le cadre de sa propre vie et de la réécriture de son environnement. Chez l'être humain, la maniaquerie et le laisser-aller en sont les représentations extrêmes.

Si nous reprenons la configuration d'une entité, les objets la composant sont reliés entre eux, mais aussi lui sont reliés directement ou indirectement. Nous constatons d'une part que le vide y est absent et que, d'autre part, la modification d'un objet entraîne la reconfiguration de l'ensemble afin de s'inscrire à nouveau dans la stabilité. Que cette modification soit minime comme la chute d'une tasse sur le sol, ou gigantesque avec une tornade détruisant logements, végétaux, circuits routiers…, cela pourra avoir des conséquences indirectes (blessures au pied lors de la chute de ce récipient), ou directes, tel que la destruction de l'environnement des personnes vivant cet évènement météorologique. À ce propos, en 1963, Lorenz, chercheur météorologue, expliqua dans un article dédié à ses recherches « que le battement d'ailes d'un papillon à une extrémité de la Terre pouvait influer sur le climat à l'autre extrémité[157] », phénomène appelé « effet papillon ».

Dans ce contexte, qu'en est-il des lexies comme « absence », « néant » et « vide » ?

Tableau 31 – Des lexies « absence », « néant » et « vide »	
Absence	Signifie l'éloignement ou l'écart (au propre ou au figuré)
Néant	Non-être
Vide	Qui ne contient rien de concret
Source : https://www.cnrtl.fr/definition/ – Page consultée le 21 juin 2019.	

Ainsi que nous l'avions précisé, le langage est un outil communicationnel (échanges entre locuteurs), mais aussi informationnel. L'ajout d'informations s'inscrivant dans des configurations comme l'arborescence (codes ADN aboutissant à la mise en place de telle unité du vivant), ou le processus cyclique (cycle astronomique), montrent que le langage est notre traducteur *in vivo* de notre environnement, quel que soit le niveau de la perception où cela a été opéré. La réalité perçue n'est qu'une ébauche de la réalité existante, ce que Anaxagore de Clazomènes avait bien discerné à une époque où les sciences n'étaient encore que des esquisses : […] ὑπ' ἀφαυρότητος αὐτῶν οὐ δυνατοί ἐσμεν κρίνειν τἀληθές ; « Nous sommes impuissants à discerner le vrai à cause de la faiblesse de nos sens » (*in* Macé et Therme, 2013 : 259)

---

157 https://www.futura-sciences.com/sciences/dossiers/mathematiques-histoire-mathematiques-10-dates-cles-1057/page/8/ – *Ibid.*

L'unité lexicale « vide » renvoie au sens de : « [...] qui ne contient rien de concret », dont l'étymologie est issue « du latin classique *vacuus* : 'vide, inoccupé, libre (au propre et au figuré) ; sans réalité, sans valeur'[158] ». Or, quelle est la première perception que nous avons de notre environnement ? Somme d'objets divers : règne animal et végétal, constructions variées réalisées par l'homme, phénomènes météorologiques, atmosphère... Par ailleurs, bien qu'existants, un grand nombre d'objets formant notre univers ne peuvent être perçus à notre échelle. D'autres facteurs comme la transparence nous en empêchent également la perception. La lexie « vide » peut en être la traduction. Il en est ainsi de l'air dont l'invisibilité ne peut se traduire que par la pression exercée lors d'une atmosphère venteuse.

Nous évoquions l'intuition comme procédure cognitive pouvant mettre l'être humain en relation avec des informations existantes, mais non perceptibles à notre échelle. Des philosophes grecs comme Anaxagore ont perçu l'évolution des objets de l'univers à travers leurs modifications, sans pour autant qu'ils disparaissent. Le substrat réticulaire comme ensemble reliant ses parties en est aussi la démonstration :

> *Καὶ ὅτε δὲ ἴσαι μοῖραί εἰσι τοῦ τε μεγάλου καὶ τοῦ σμικροῦ πλῆθος, καὶ οὕτως ἂν εἴη ἐν παντὶ πάντα· οὐδὲ χωρὶς ἔστιν εἶναι, ἀλλὰ πάντα παντὸς μοῖραν μετέχει. Ὅτε τοὐλάχιστον μὴ ἔστιν εἶναι, οὐκ ἂν δύναιτο χωρισθῆναι, οὐδ΄ ἂν ἐφ΄ ἑαυτοῦ γενέσθαι, ἀλλ΄ ὅπωσπερ ἀρχὴν εἶναι καὶ νῦν πάντα ὁμοῦ. ἐν πᾶσι δὲ πολλὰ ἔνεστι καὶ τῶν ἀποκρινομένων ἴσα πλῆθος ἐν τοῖς μείζοσί τε καὶ ἐλάσσοσι.*
> Et comme il y a en pluralité, égalité de sort entre le grand et le petit, il peut, de la sorte, y avoir de tout en tout, et rien ne peut être isolé, mais tout participe de tout. Puisqu'il n'y a pas de minimum, il ne peut être isolé et subsister à part soi, mais, encore maintenant comme au commencement, toutes choses sont confondues. En tout il y a pluralité et, dans le plus grand et dans le moindre, toujours égalité de pluralité des choses distinctes[159].

De la microstructure à la macrostructure, la réactualisation du monde du vivant y est permanente, mais sa réécriture diffère. Dans la microstructure, la base de données se décline toujours de manière identique : codes ADN des différentes variétés des unités du vivant, atomes divers. Transcrites dans la macrostructure, ces bases de données se redéclinent sous des formes très variées comme le phénotype chez l'être humain, quant à la redistribution au niveau de l'espace, elle est actualisée en permanence afin de garder un équilibre, même si perçu à notre échelle, cela relève du chaos comme une guerre ou un tremblement de terre...

---

[158] https://www.cnrtl.fr/etymologie/vide – *Ibid.*
[159] http://remacle.org/ – Page consultée le 18 juin 2019.

En linguistique, des expressions idiomatiques comme : « Le bonheur des uns fait le malheur des autres » ou « Le malheur des uns fait le bonheur des autres » l'expriment parfaitement. Ainsi, du chaos à l'organisation et inversement, la transformation y est permanente.

2.4.1. Entre rigidification et délitement sociétal, une nouvelle histoire de l'ordre et du désordre

Entropie et néguentropie sont les facteurs au sein desquels sont inscrits les objets du monde, qu'ils soient animés ou inanimés. Ainsi que nous le mentionnions précédemment, l'équilibre existant entre l'ensemble des éléments formant telle unité en est le dénominateur commun. Le champ sémantique de ces unités lexicales est en relation directe ou indirecte avec des termes comme connexion/déconnexion, organisation/désorganisation, stable/instable, fini/infini.

Le préfixe *dé-* est « issu du préfixe latin *dis-*, formateur de nombreux termes composés, notamment de verbes, servant à modifier le sens du terme primitif en exprimant l'éloignement, la privation, la cessation, la négation, la destruction de quelque chose, l'action ou l'état contraire, inverse ». Quant au préfixe *in-*, il est « issu du préfixe négatif latin *in-*, entrant dans la formation de très nombreux adjectifs (notamment en -able et en -é/-ée), plus rarement de substantifs ; il sert à indiquer la négation, la privation, l'absence ou le contraire de quelque chose[160] ». Ainsi, le langage est le miroir de ce que nous percevons, mais, cependant, avec un décodage qui est fonction des connaissances en cours dans une société donnée.

Du groupe familial au groupe social, leur soubassement correspond à un ensemble de valeurs partagées par leurs membres. La lignée généalogique liée, indirectement, à un même code génétique en est la source pour la famille ; dans le cadre du substrat socioculturel d'un groupe donné, des valeurs similaires, partagées et traduites dans leur langue d'origine, en sont la racine.

Afin de tenter de comprendre le fonctionnement d'un ensemble d'unités formant un groupe donné, nous allons mettre en relation les unités du vivant composant l'*Homo sapiens* et ce dernier en tant qu'unité appartenant à un groupe. Dans le cadre de cette approche, les éléments étudiés le seront à partir des différents niveaux de l'échelle de la macrostructure ainsi que de celui de la microstructure qui lui est intégrée : cellules organiques, individus et structure groupale.

Une cellule organique est l'élément fondamental du tissu vivant. Les cellules jouent des rôles variés adaptés aux besoins de l'organisme ; par exemple, les leucocytes ou globules blancs du sang dont la fonction est la

---

[160] https://www.cnrtl.fr/definition/ – *Ibid.*

défense de l'organisme (système immunitaire). D'autres vont servir à en assurer le bon fonctionnement. Les aliments (survie) en sont également un des éléments essentiels : « [ils] comprennent des composantes énergétiques et non énergétiques. Les composantes énergétiques fournissent aux cellules l'énergie (calories) dont elles ont besoin pour fonctionner[161] ».

Dans le premier chapitre, nous avions constaté que la survie et la reproduction : durer afin de perdurer était les dénominateurs communs à l'ensemble du règne animal et végétal. Le rôle joué en tant que prédateur implique un système de défense et d'attaque pertinent. Si une infection est combattue par le système immunitaire, le microbe ou le virus s'inscrivent dans la priorité qui est de survivre à tout prix, ce qui ouvre, parfois, sur des mécanismes liés aux déguisements. Prenons l'exemple du rétrovirus :

> Un rétrovirus est un virus dont le génome est constitué d'ARN et dont le cycle viral comprend une étape de rétrotranscription au cours de laquelle un ADN est produit à partir de cet ARN. Un rétrovirus possède une enzyme appelée transcriptase inverse, un ADN polymérase qui permet la fabrication d'un ADN à partir de l'ARN viral lorsque celui-ci entre dans la cellule-hôte. Cet ADN complémentaire du génome viral s'intègre dans le génome de la cellule-hôte. Le rétrovirus utilise ensuite la machinerie cellulaire pour fabriquer ses protéines et se répliquer[162].

Certains insectes ont un fonctionnement similaire : jouer le rôle de la proie pour mieux s'inscrire en tant que prédateur. Fabre, entomologiste célèbre du XIXe siècle, a ainsi montré que *Bembex rostré* de la famille des Hyménoptères était le prédateur de *Lucilia Caesar* de la famille des Diptères ; il s'agit d'une : « mouche d'un vert doré [...] hôte des chairs corrompues » (1879 : 203). Or, une variété de la famille des Diptères : le *Miltogramme*, n'occupe pas la place de proie qui lui est dévolue habituellement par le *Bembex rostré*, mais celle de parasite avec l'utilisation des proies appartenant à la famille des Diptères, soit son espèce, lesquelles ont été attrapées par *Bembex rostré*, et ceci afin de nourrir ses propres larves installées dans le nid même du prédateur, et à son insu.

Chez l'être humain, ce processus prend sa traduction dans le mensonge déguisé en vérité, ce qui est une façon similaire de s'introduire dans un groupe, afin d'y intégrer des noyaux expansifs, lesquels vont être à l'origine de la déstabilisation, voire du délitement de l'ensemble des valeurs originelles socioculturelles.

---

[161] https://www.diabete.qc.ca/fr/vivre-avec-le-diabete/alimentation/alimentation-et-nutriments/la-composition-des-aliments – *Ibid.*

[162] https://www.futura-sciences.com/sante/definitions/medecine-retrovirus-249/ – *Ibid.*

Quels sont les paramètres communs à l'ensemble de ces procédures ? Tout d'abord, la force de la vie : durer en synchronie afin de perdurer en diachronie, ce qui est à l'origine de l'activation du rôle de prédateur. Par ailleurs, dans le cadre des cellules organiques, chaque groupe auquel tel rôle a été dévolu est composé de cellules semblables : leucocytes (globules blancs), fibrocytes (cellule du tissu conjonctif comme le tissu osseux), ce qui signifie que c'est la similarité des unités formant le groupe qui en est le facteur prédominant. Sans cette unité, le fonctionnement ne serait plus activé.

À ce propos, citons Rousseau ayant fait l'analogie entre structure organique (corps) et structure sociale (groupe politique) : « Le corps politique, aussi bien que le corps de l'homme, commence à mourir dès sa naissance et porte en lui-même les causes de la destruction » (1762 : 200). Durkheim, sociologue français, utilisait également des métaphores mettant en relation corps organique et corps social avec l'instauration de règles juridiques protectrices de l'individu et du groupe et, en soubassement, des valeurs communes à l'ensemble ouvrant sur une forte cohésion.

> C'est cette solidarité qu'exprime le droit répressif, du moins dans ce qu'elle a de vital. En effet, les actes qu'il prohibe et qualifie de crimes sont de deux sortes : ou bien ils manifestent directement une dissemblance trop violente contre l'agent qui les accomplit et le type collectif, ou bien ils offensent l'organe de la conscience commune. Dans un cas comme dans l'autre, la force qui est choquée par le crime qui le refoule est donc la même ; elle est un produit des similitudes sociales les plus essentielles, et elle a pour effet de maintenir la cohésion sociale, qui résulte de ces similitudes (1893 : 103).

Reproduits à notre échelle, ces paramètres peuvent être traduits sous la forme d'un algorithme en boucle (figure 30).

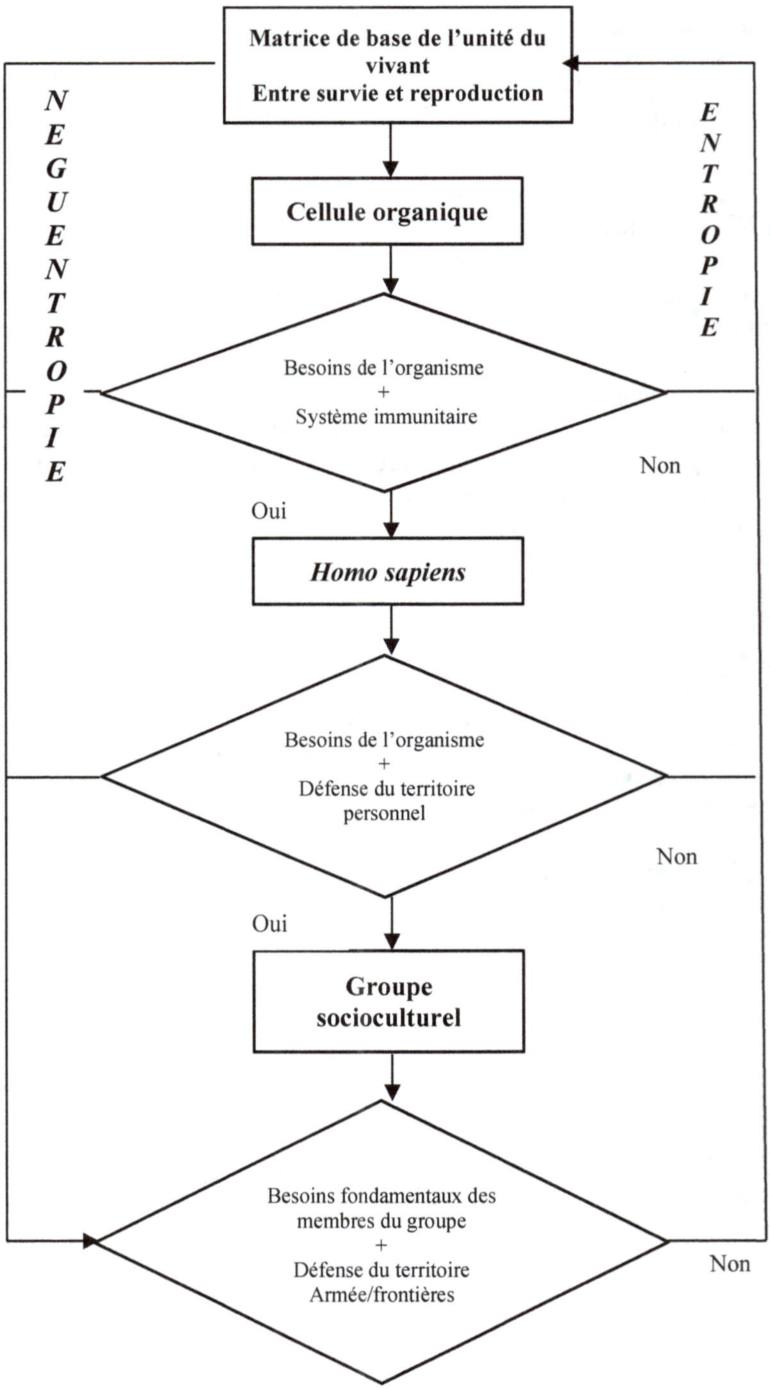

Figure 30 – Entre survie et reproduction, la matrice fractale, base de l'unité du vivant

Étrangement, cet organigramme présente des processus de type répétitifs, mais inscrits à des niveaux d'échelle différents :

- Cellule organique (niveau 1), microstructure ;
- *Homo sapiens* (niveau 2), macrostructure à notre échelle ;
- Groupe socioculturel (niveau 3), macrostructure à une échelle plus élevée.

Si la géométrie fractale ne s'applique que dans le cadre d'objets observables à des échelles différentes, la procédure relevée dans ce schéma y est similaire.
Les dénominateurs communs à l'ensemble sont la survie liée à la protection/défense traduite tant au niveau cellulaire qu'à celui de l'être humain et à son groupe d'appartenance. Si un des deux dénominateurs communs est dysfonctionnel : impossibilité à se nourrir, épidémies mortelles..., l'entropie est activée ; dans le cas contraire, c'est l'organisation liée à l'équilibrage entre ses différents paramètres qui l'est.

Dans le cadre de l'ensemble de cette étude, ce processus a été dénommé : « matrice fractale ». La duplication est réalisée en tant que contenant, quant au contenu, sa réécriture est illimitée. Il en est ainsi du phénotype chez l'*Homo sapiens*, de la configuration des structures groupales, lesquelles vont prendre leurs racines de la matrice fractale, tout en y intégrant des cultures et des langues variées, dans un contexte, lui-même, qui va différer d'une époque à une autre, voire d'un lieu à un autre.

Balade au pays de la rigidification

La rigidification correspond à un mode de fonctionnement où l'espace de liberté existant entre chaque unité formant le tout disparaît. Chez l'être humain, dans la structure groupale, ce phénomène est traduit par l'uniformisation de l'ensemble de ses membres avec, par exemple, le port obligatoire de vêtements semblables, des espaces de vie limités où, seule, bien souvent, la reproduction y est autorisée, mais le plaisir y est banni. Ainsi, des idéologies condamnent la liberté au niveau du territoire intime de l'individu : « Dans l'Arkansas, prendre sa douche nu est passible d'une amende. Par contre, aucune information ne dit comment les policiers de cet État du sud du pays verbalisent les malfaiteurs[163] ».

163

https://www.ouest-france.fr/leditiondusoir/data/5333/reader/reader.html#!preferred/1/package/5333/pub/7352/page/5
https://www.journaldemontreal.com/2014/05/09/usa-les-lois-les-plus-folles
– *Ibid.*

Afin de tenter de comprendre le processus de la rigidification, nous allons référer à l'époque de l'Inquisition au Moyen-Âge, période où la liberté de penser, le libre arbitre y étaient proscrits. Comme il est précisé sur le site de l'éditeur HERODOTE.NET : « Le 20 avril 1233, le pape Grégoire IX confie à un tribunal d'exception dénommé *Inquisitio hereticae pravitatis* le soin de démasquer et condamner, dans tout le royaume de France, les hérétiques et les catholiques non sincères[164] ». Dans une autre étude dédiée à ce pan de l'histoire moyenâgeuse, Testas Guy et Testas Jean mentionnent :

> Ainsi, au 3e concile de Latran (1179), Alexandre III décréta qu'il fallait s'opposer par la force aux hérétiques, confisquer leurs biens et réduire leur personne à la servitude. C'était demander aux officialités de tout mettre en œuvre pour combattre les ennemis de l'Église. Pourtant il faudra que le Saint-Père songe à d'autres armes plus efficaces, mais qu'il était difficile d'imposer sans froisser la susceptibilité des évêques dont les pouvoirs risquaient d'être réduits. Il fallait en outre songer à la puissance des princes [...] dont les intérêts s'opposaient si souvent à ceux de Rome [...] (2001 : 7).

Nous allons donc reprendre l'ensemble des deux textes liés à l'Inquisition et procéder à leur analyse lexico-sémantique à partir des mots-pôles autour desquelles sont articulées les différentes unités phrastiques les composant.

Dans la première formulation, il s'agit des lexies : « pape », « Grégoire IX », « tribunal d'exception », « démasquer », « condamner », « royaume de France », « hérétiques », « catholiques non sincères ».

La configuration de cette structure prend sa place sur un territoire uniforme à l'ensemble, soit le royaume de France. Les valeurs associant l'ensemble de ses membres s'inscrivent dans le catholicisme avec, comme représentant, le pape. Si certains de leurs membres font montre de libre arbitre par un choix autre au niveau de leurs valeurs, ils sont alors rejetés, ce qui aura pour conséquence leur retrait du groupe par la condamnation liée, bien souvent, à la mort (figure 31).

Cette procédure renvoie indirectement à la matrice fractale où l'ensemble des unités formant le groupe y est similaire (leucocytes), mais dont la réaction peut être violente si des unités autres s'y introduisent (microbes). Réactualisée au niveau de la macrostructure, les membres formant un groupe donné s'inscrivent dans des valeurs communes leur permettant de se reconnaître, mais si certains de leurs membres s'en démarquent, remettant en question les valeurs préconisées, cela entraînera des réactions qui pourront être violentes : révoltes, guerre civile, guerre entre pays...

---

[164] https://www.herodote.net/20_avril_1233-evenement-12330420.php – *Ibid.*

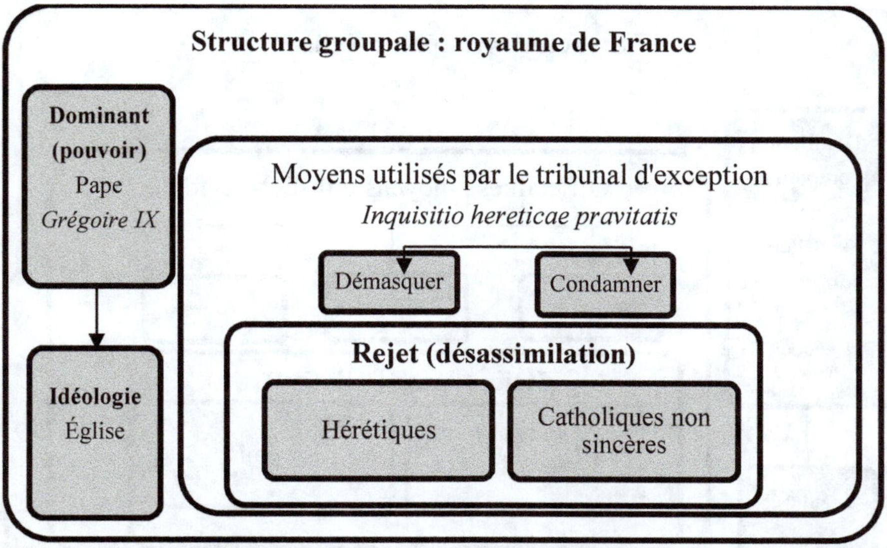

Figure 31 – De la matrice fractale reconfigurée dans le cadre d'une idéologie (première formulation)

Dans la deuxième formulation, ce sont les termes : « Alexandre III (pape) », « s'opposer », « force », « hérétiques », « officialités », « combattre », « ennemis », « Église », « armes », « évêques », « pouvoir », « puissance » et « princes » qui correspondent aux mots-pôles à partir desquels la rédaction de ce texte a été réalisée (figure 32).

La matrice fractale y est à nouveau présente : intégrer un groupe où l'ensemble des unités y est similaire et dont la traduction, ici, est réalisée dans le cadre d'un système idéologique où les unités s'en démarquant sont éliminées (confiscation de leurs biens, servage). Le dominant y est représenté par le Pape, les évêques et les princes. Notons qu'en amont de tout cela, c'est le pouvoir qui y est omniprésent.

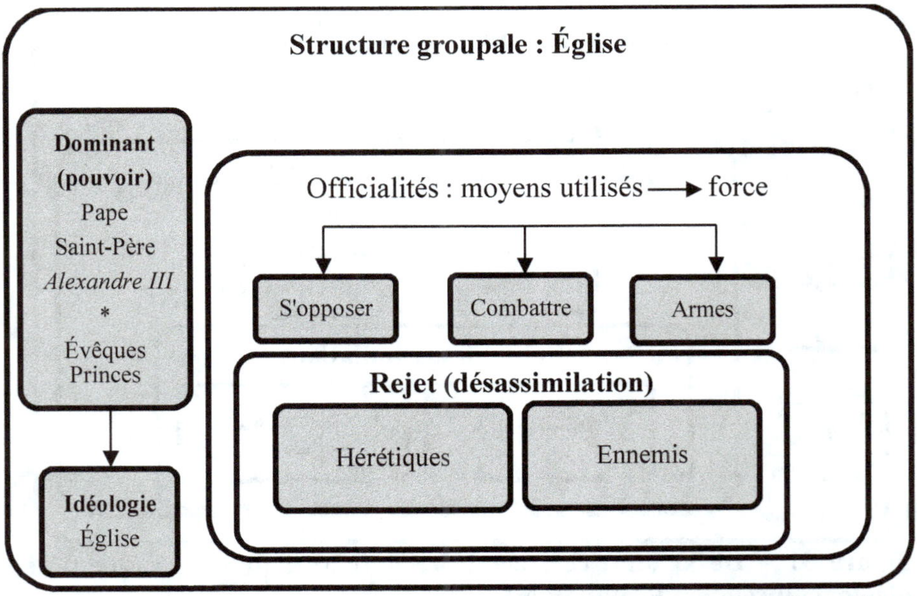

Figure 32 – De la matrice fractale reconfigurée dans le cadre d'une idéologie (deuxième formulation)

Nous retrouvons cette même procédure dans des régimes dictatoriaux dont l'idéologie prend sa source de la politique. Il en a été ainsi du régime khmer rouge au Cambodge. Avec la prise de Phnom Penh, capitale de ce pays, le 17 avril 1975, par Saloth Sar, *alias* Pol Pot, surnommé : « Frère numéro un » et qui fut le principal responsable du génocide cambodgien, ce qui correspond au chiffre de 1,7 million de personnes dans le pays[165].

Ainsi que le mentionne Locard (1996 : 244) : « On doit faire le vide total dans son esprit […] afin de pouvoir accueillir les idées neuves de l'Angkar ». Certains postulats posent le concept de liberté individuelle comme interdit : « Ne nourris pas d'idées personnelles », « Interdit de te déplacer librement ».

Par le biais de la transformation lexico-sémantique, la reformulation de la réalité du Cambodge à l'époque de ce régime fait écho à l'ouvrage fictionnel de Orwell : *1984*. Cet auteur l'illustre en citant les trois slogans du parti : « la guerre c'est la paix » ; « la liberté c'est l'esclavage » ; « l'ignorance c'est la force » (1949 : 9), avec dans chacune des formules l'apposition de deux antonymes. Nous trouvons également les locutions : « double-pensée » (*ibid.* : 13) et « contrôle de la réalité » (*ibid.* : 51). Appelée la « novlangue », soit un « langage convenu et rigide destiné à dénaturer la réalité[166] », cette

[165] http://www.lefigaro.fr/international/2018/04/15/01003-20180415ARTFIG00004-cambodge-il-y-a-vingt-ans-la-mort-du-despote-sanguinaire-pol-pot.php – *Ibid.*

[166] http://www.larousse.fr/dictionnaires/francais/novlangue/55145 – Page consultée 16 août 2013.

terminologie lexico-sémantique est évidée, élaguée, travestie comme le souligne l'auteur précité :

> Nous taillons le langage jusqu'à l'os. Naturellement, c'est dans les verbes et les adjectifs qu'il y a le plus de déchets, mais il y a des centaines de noms dont on peut aussi se débarrasser. Pas seulement les synonymes, il y a aussi les antonymes. Après tout, quelle raison d'exister y a-t-il pour un mot qui n'est que le contraire d'un autre ? Les mots portent en eux-mêmes leur contraire (*ibid.*, p. 75).

Le pouvoir traduit par la rigidification d'une structure sociale peut être illustré par celui mis en place par Staline où lorsqu'il « proposait quelque chose, il n'y avait ni question ni observation. Une proposition de Staline était un commandement de dieu et l'on ne discute pas un ordre divin »[167]. Quant à Mao Tsé-Toung, appelé également « Le Grand Timonier », il est à l'origine du régime appelé « maoïsme », terme dérivé de son nom[168].

Revenons à l'observation liée à l'interrogation sur la signification de tel objet du monde, qu'il soit de nature organique ou non, qu'il renvoie à un évènement ou à une particularité non observée auparavant au sein du groupe comme une comète, par exemple. Si aucune réponse n'est apportée, l'inconnu est alors associé au danger et au risque : survie oblige ! Les idéologies, qu'elles soient religieuses ou politiques, sont une manière de donner une réponse par le biais de postulats posés comme vérité absolue et non dérogeable.

Que notre planète soit considérée comme plate à notre échelle d'observation, cela est logique. À une autre échelle d'observation, la science est là pour nous en donner les réponses adéquates, vérifiables et vérifiées.

Dans un ouvrage en relation avec l'athéisme, le philosophe Comte-Sponville stipule à propos de nos interrogations sur ce que nous sommes et la manière dont les objets du monde sont constitués dans notre univers :

> Et personne, jamais, ne pourra dire pourquoi, puisqu'on ne pourrait expliquer l'existence de l'être que par un être, autrement dit qu'à la condition de présupposer d'abord ce qu'on veut expliquer. […] Le monde serait trop ordonné, trop complexe, trop beau, trop harmonieux pour que ce puisse être le fait du hasard […] L'argument, c'est le moins que l'on puisse dire, n'est pas nouveau (2006 : 96-97).

Toujours dans le cadre de ces systèmes sociétaux, aux réponses traduites par des postulats s'ajoute un mode opératoire lié à l'appartenance de l'*Homo sapiens* à l'ordre des primates, soit la domination. Le télescopage entre ces

---

[167] Nikita Khrouchtchev, 1971, p. 265.

[168] https://chine.in/guide/grand-timonier_4234.html – Page consultée le 19 août 2018.

deux paramètres : postulats posés comme vérités non dérogeables et hiérarchisation traduite par la prise de pouvoir par le dominant peuvent être à l'origine de la rigidification d'un groupe donné.

Balade au pays de la déliquescence

La déliquescence s'inscrit *de facto* dans l'entropie corrélée au facteur temps, activateur de l'organisation des objets du monde, mais aussi de leur désorganisation.

La transformation est liée au passage d'une forme à une autre ou d'un état à un autre, ce que nous retrouvons dans les sociétés humaines. Entre domination et liberté, la redistribution des structures politiques y est vaste. Ce passage est relié indirectement à un rééquilibrage de l'ensemble des objets en cours de modification.

Avec la mise en relation de cette procédure avec la physique, nous constatons que les forces d'un corps solide se déclinent sous plusieurs modes :

- Les forces de cohésion, lesquelles « s'exercent entre les éléments constitutifs du solide ; leur résultante est nulle et leur rôle est de maintenir la structure fixée, même sous la présence de forces externes[169] ».

- Les forces d'inertie « affectent une masse invariable insérée dans un référentiel possédant une certaine accélération. Elles s'opposent au déplacement (elles sont donc de sens opposé à l'accélération dudit déplacement)[170] ». L'inertie « est la tendance que possèdent les corps à conserver l'état de mouvement dans lequel ils se trouvent (y compris l'état de repos, qui est un mouvement nul)[171] ».

Quant au point de rupture (déstructuration), il correspond à la limite de l'élasticité du matériau.

Qu'en est-il dans la nature ? Ainsi, le passage d'un état à un autre (transformation) est lié à la mise en place d'espace inoccupé, ce qui est un appel à l'occupation d'un terrain, que ce dernier soit physique et/ou symbolique. Nous allons traduire ce mode opérationnel à partir de différents exemples comme la fougère (*Filicophyta*), plante possédant une tige souterraine appelée « rhizome », laquelle porte bourgeons, racines et

---

[169] http://www.formules-physique.com/categorie/24/4 – Page consultée le 26 juin 2019.
[170] *Ibid.*
[171] *Ibid.*

cicatrices là où les nouvelles feuilles (frondes) vont sortir ; en grandissant, elle va se diviser, pour mieux s'étendre. Les nouveaux plants de fougère vont entamer à nouveau cette procédure. Cette plante est considérée comme envahissante.

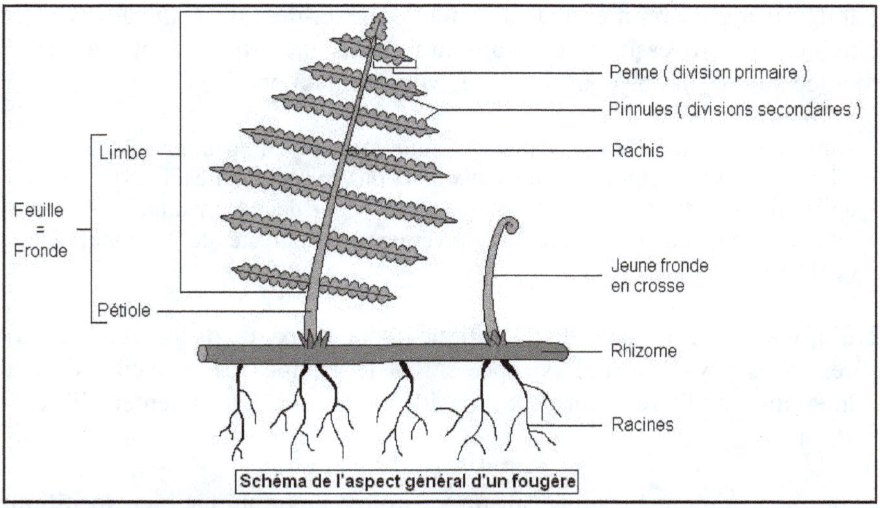

Figure 33 – La fougère et ses composants
Source : Par Roukino — Travail personnel, CC BY-SA 3.0, https://commons.wikimedia.org/w/index.php?curid=18022165

Ainsi que le stipule Dumas dans l'introduction d'un article relatif à la fougère aigle :

> Sur les deux derniers siècles, celle-ci a vraisemblablement été favorisée par l'abandon de sa récolte, la plantation de Pin en plaine et la désertification de zones rurales. Elle est inadaptée aux sols très humides, mais possède globalement une grande capacité d'adaptation aux conditions stationnelles. Elle est notamment capable de survivre dans des conditions de luminosité plus faibles que ses principales concurrentes (357 : 2002).

Il en est de même dans le cadre de l'invasion de certaines espèces. Ainsi que le mentionnent Facon, Mailleret, Renault & Roques :

> Un certain nombre de facteurs biotiques et abiotiques déterminent le degré d'invasibilité d'un écosystème, tels que le nombre et la nature des vecteurs d'introduction, le niveau de diversité fonctionnelle au sein des communautés, ou bien encore la naïveté des espèces autochtones. […] Une fois établie au sein d'une nouvelle aire géographique, la dynamique d'expansion géographique d'une espèce introduite est fortement dépendante de ses capacités de dispersion. Lorsqu'elle se déroule de manière naturelle, l'expansion spatiale des organismes invasifs peut être réalisée *via* une propagation de proche en

> proche sur des échelles qui dépendent des capacités de déplacement de l'espèce (2015 : 110-111).

La nature ayant horreur du vide, dès qu'une décohésion est enclenchée, l'appel au rééquilibrage est activé. Ce dernier peut se traduire par l'envahissement de la fougère aigle comme il a été mentionné ci-dessus. Dans les sociétés humaines, le processus y est similaire. Dans un article dont l'étude est articulée autour du postcommunisme, Mitropolitski précise :

> Ainsi, les trajectoires démocratique et autoritaire s'expliquent principalement à l'aide du système proportionnel aux élections parlementaires. L'explication de la présence des régimes intermédiaires se trouve dans le manque d'identité nationale commune qui unit le gouvernement au reste de la population (2011 : 123).

Et d'ajouter : « Les pays démocratiques sont ceux identifiés comme pays 'libres' ; les pays autoritaires représentent le groupe des 'non libres' et les régimes intermédiaires sont ceux considérés comme 'partiellement libres' » (*ibid.* : 124).

Or, une société donnée, située sur un territoire géographique bien spécifique, traduite par des valeurs communes dont la langue originelle en est le soubassement, est liée à la cohésion. Des expressions métaphoriques comme « un corps social » (communauté), « faire corps avec » (adhérer, ne faire qu'un) est une traduction indirecte de la réalité. Dans le cas contraire, la désorganisation étant activée, cela offre des opportunités à des groupes porteurs de valeurs différentes, voire opposées, d'y inscrire les leurs et, parfois, de les imposer. Le vide ne faisant pas partie des objets du monde, toute ouverture est un appel à combler un manque. Dans la figure 34, l'algorithme en présente la synthèse.

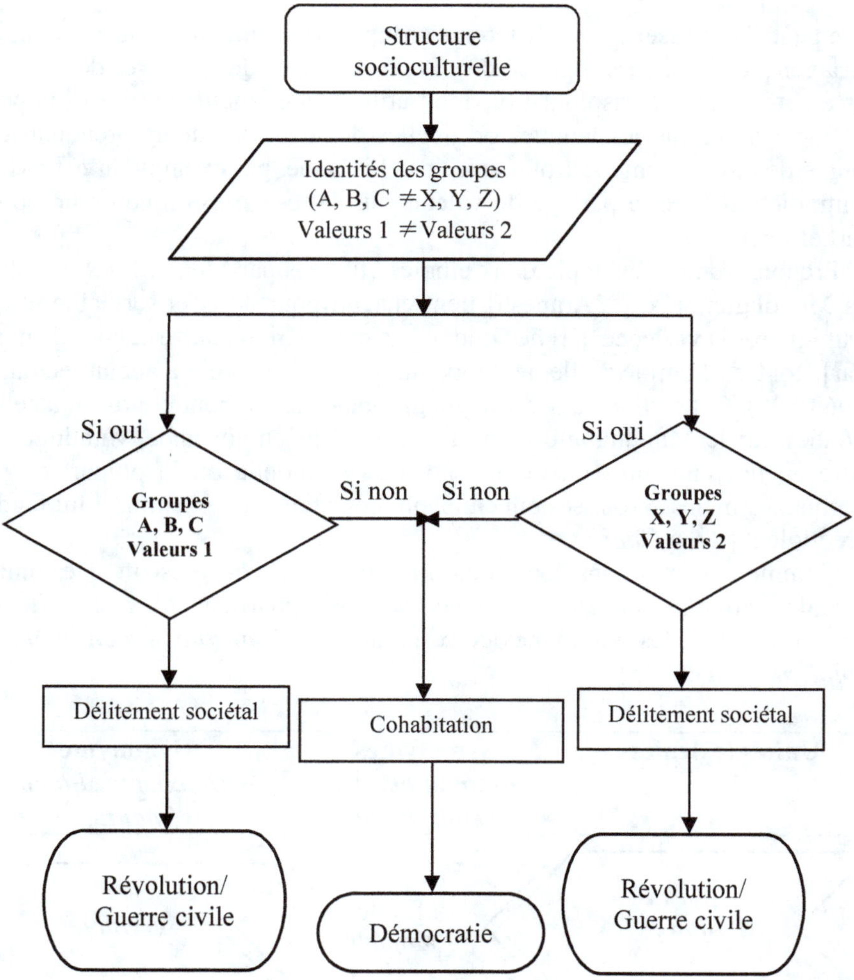

Figure 34 – Logigramme en relation avec des groupes partageant des valeurs opposées

Nous allons illustrer cette configuration socioculturelle en référant aux travaux de Mead, anthropologue. Comme nous l'avons constaté, quelle que soit la nature de l'objet du monde : organique, inorganique, évènement, ressenti, etc., l'ensemble des éléments le composant prennent leur source d'une base commune : cellules diverses pour le vivant, molécules variées pour le minéral, instinct pour l'ensemble des unités du vivant, champ émotionnel et valeurs socioculturelles pour l'être humain. Rappelons également que le territoire personnel fait partie des paramètres de protection de tout être vivant ; il prend également sa place sur le plan géographique dans la définition territoriale d'un pays, d'une région…

Que peut-il se passer quand différents groupes occupant un territoire commun partagent des valeurs opposées ? Précisons que le partage de valeurs différentes n'en est pas un synonyme ; utiliser une langue de transition pour échanger alors que les langues originelles des deux locuteurs prennent leur source de pays comme la Roumanie et la Finlande, par exemple, n'est pas en contradiction avec le partage de valeurs similaires : passion commune pour l'art et l'écriture.

Prenons comme exemple deux ethnies étudiées par Mead : les Arapesh et les Mundugumor. « [L'Arapesh] tient chacun pour doux et serviable et qui veut ignorer la violence. [Il] ne connaît pas de sanction contre celui qui en use [car], contre l'homme réellement violent, la communauté n'a aucun recours » (1963 : 25). Cette ethnie a des valeurs groupales totalement opposées à celles prônées par le Mundugumor. En effet : « [...] l'enfant mâle Mundugumor entre en naissant dans un monde hostile, un monde où la plupart de ses semblables mâles seront ses ennemis, où, pour faire son chemin, il lui faudra être violent [...] » (*ibid.*).

Comme nous pouvons le constater, l'antonymie y est présente. Des unités lexicales comme « ***doux*** » et « ***serviable*** » appartiennent à un champ sémantique dont les antonymes correspondent à : « ***hostile*** », « ***ennemi*** » et « ***violent*** » (figure 35).

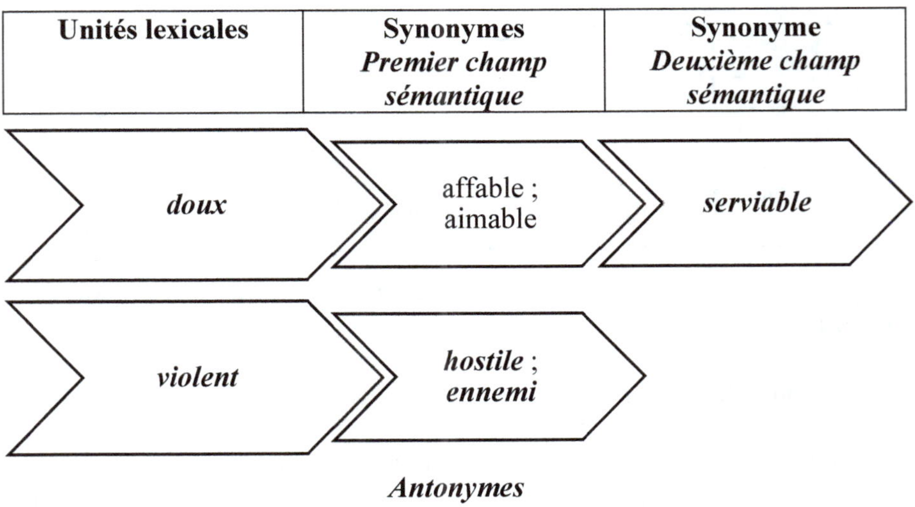

Figure 35 – De l'antonymie des unités lexicales « doux » et « violent »

À propos de l'ethnie des Mundugumor, si nous reprenons ce qu'en a observé Mead : « [...] pour faire son chemin, il faut être violent [...] », la locution : « faire son chemin » renvoie au « chemin de vie », ce qui correspond à l'adaptation de l'*Homo sapiens* à un environnement qui, dans ce cas de figure, est considéré comme hostile. L'utilisation du verbe « falloir » liée à l'unité lexicale : « violence » montre qu'aucune alternative n'existe en dehors de celle qui est prônée.

Ces comportementaux sociétaux inscrits dans des valeurs liées directement à l'instinct de survie font écho, indirectement, au réflexe de Pavlov :

> C'est dans l'écorce cérébrale que se produisent les réflexes, que Pavlov a étudiés sous le nom de réflexes conditionnels. Un chien sécrète de la salive quand un aliment est placé dans sa bouche. C'est un réflexe inné. Mais il sécrète aussi de la salive quand il voit la personne qui, d'habitude, lui apporte sa nourriture. C'est un réflexe conditionnel, ou acquis[172].

Quant à l'ethnie des Arapesh, l'instinct de base n'est pas activé dans le cadre des valeurs formant la cohésion du groupe. Si l'antonymie est bien ce qui oppose les valeurs représentatives et vécues comme telles par les membres de chacune de ces ethnies, le dénominateur commun à l'ensemble est la constitution de valeurs de référence le représentant.

Dans le cadre du langage traduit par les comportements sociétaux, ainsi que le stipule Martin : « Le contenu de tel ou tel segment discursif dans une situation de communication donnée et fortement ritualisée inférera, de la part du sujet communiquant, tel ou tel type de réponses » (2005 : 251). La célèbre locution du philosophe Austin : « quand dire, c'est faire » l'illustre parfaitement. Ainsi que le mentionne cet auteur : « Nous avions établi comme une distinction préliminaire que l'énonciation performative ne dit pas, ou ne se limite pas à dire, quelque chose, mais qu'elle fait quelque chose » (1970 : 57).

Dans le cadre de l'analyse effectuée sur la binarité existant dans la microstructure et retranscrite dans la macrostructure, notamment, en linguistique, sous la forme de termes dont la signification est opposée comme amour ≠ haine → indifférence, dans le cas de figure présenté ci-dessus : violence ≠ douceur → bataille, la rencontre entre les détenteurs de ces valeurs est impossible. En effet, si la prise de conscience n'est pas actualisée, ce sera l'instinct, force de toute unité du vivant, qui sera activé.

Il s'agit bien d'une forme de programmation au sein de laquelle nous sommes intégrés ; seule la conscientisation peut nous permettre de nous en démarquer….

---

[172] https://www.cnrtl.fr/definition/r%C3%A9flexe – *Ibid.*

Quand l'outil langagier devient le miroir de la structure groupale

La lexie « corps » a pour signification : « Ensemble des parties matérielles constituant l'organisme, siège des fonctions physiologiques et, chez les êtres animés, siège de la vie animale[173] ». Nous la retrouvons dans nombre de syntagmes nominaux en désignant l'élément essentiel (tableau 32).

Tableau 32 – De la lexie « corps » à travers différentes locutions verbales	
Corps d'un os	Anatomie : corps de l'os hyoïde, d'une phalange.
Corps ligneux	Botanique : zone ligneuse, centrale entre la moelle et l'écorce.
Corps de logis ou corps de bâtiment	Architecture : partie centrale, ou la plus massive d'un bâtiment.
Corps d'un bateau, d'un navire	Marine : Coque du bateau, du navire.
Corps d'une lettre, d'une missive	Domaine épistolaire.
Corps de bibliothèque, de meuble, de chauffe, de roue	Technologie et divers. (Dans une machine, un appareil, une pièce...). Partie essentielle, centrale ou la plus massive.
Corps de métier	Ensemble organisé de personnes exerçant la même profession (*cf.* corporation).
Source : https://www.cnrtl.fr/definition/corps	

Retraduite au niveau de la société, cette unité lexicale renvoie à la structure organisationnelle présentée sous des formes variées ; le trope appelé « métaphore » est une façon de transcrire la réalité sous une forme imagée et donc plus accessible au niveau de l'entendement.

Tableau 33 – De la lexie « corps » retranscrite dans la métaphore	
Le corps comme symbole d'union	Ne former qu'un corps ; ne faire qu'un corps (et qu'une âme).
En parlant de deux ou plusieurs personnes ou choses	Faire corps avec. Être solidaire de, être uni à, ne faire qu'un avec ; adhérer à, ne former qu'un tout, qu'une masse avec.
Au plan social	Corps social ; corps de la noblesse ; corps enseignant, corps professoral ; corps médical ; corps

[173] https://www.cnrtl.fr/definition/corps – *Ibid.*

	savant ; corps ecclésiastique, corps épiscopal ; corps des avocats ; corps des guides ; corps de ballet.
Esprit de corps	Esprit de solidarité existant entre les membres d'un même corps de métier. Par extension, esprit de solidarité, communauté de pensée... qui existe entre les différents membres de tout groupe. Esprit de corps exclusif et hostile ; avoir, entretenir un esprit de corps ; manquer d'esprit de corps.
Au plan politique	Corps d'un État, d'un royaume ; corps judiciaire, de la magistrature ; corps administratif, corps d'origine ; corps diplomatique ; corps consulaire ; corps municipal ; corps conservateur ; corps académiques.
Corps constitué(s)	Organe collectif ayant une existence permanente (...) et une constitution unitaire (...), et investi d'une part de l'autorité ou d'une participation à l'administration publique.
Grands corps de l'État	Corps de hauts fonctionnaires ne faisant pas partie des administrations centrales, particulièrement Conseil d'État, Cour des comptes et Inspection générale des Finances.
Corps politique	Ensemble des citoyens considérés en tant qu'ils exercent des droits politiques.
Corps de doctrines religieuses, corps de doctrine scientifique ; corps de doctrine conforme aux traditions	Ensemble organisé d'entités matérielles ou intellectuelles.
Source : https://www.cnrtl.fr/definition/corps	

Dans le cadre de cette tournure de style associée au corps, l'image est une représentation de la réalité dans son soubassement. Il en est ainsi de l'expression figée : « laisser la bride sur le cou de quelqu'un » (ne pas laisser la liberté d'action).

Afin d'apporter quelques réponses à ces métaphores dont l'assise est identique, nous allons les mettre en relation avec ce dont est composé le monde du vivant, soit l'eau[174]. Ce choix renvoie à une procédure connue des changements de la substance formant la matière où la modification est liée, notamment, à des changements de température et de pression bien définis.

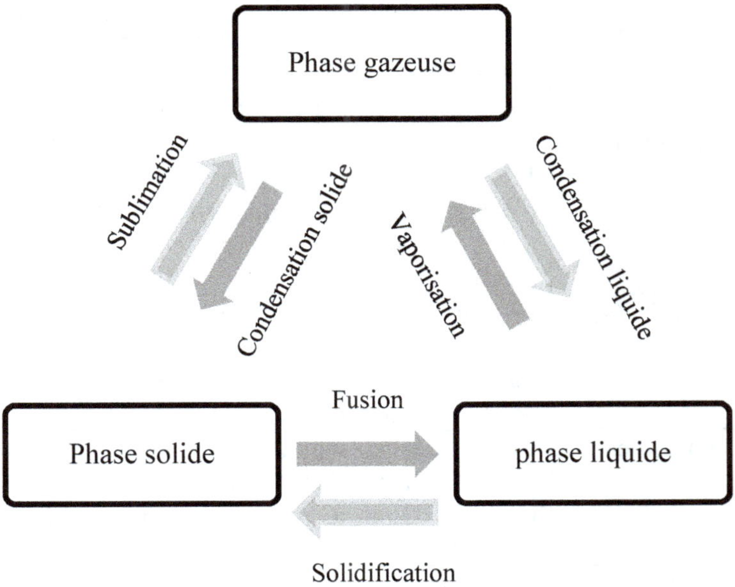

Figure 36 – Diagramme de phases

Dans sa phase solide, avec la baisse de la température et le fonctionnement des molécules la composant, l'eau renvoie à la rigidification dans les systèmes sociétaux humains (tableau 34) :

> Dès que la température baisse, l'agitation des molécules diminue. Les liaisons entre elles se raidissent peu à peu. Lorsqu'il fait suffisamment froid (0 °C), les molécules ne bougent pratiquement plus. L'eau adopte une structure rigide et se présente sous sa forme solide : la glace[175].

[174] « La quantité moyenne d'eau contenue dans un organisme adulte est en effet de 65 % ». *Cf.* https://www.futura-sciences.com/sante/questions-reponses/corps-humain-quantite-eau-corps-humain-1232/ – *Ibid.*
[175] *Ibid.*

Tableau 34 – Phase de l’eau à l’état solide		
Phase	**Caractéristiques**	**Molécules H2O**
Phase à l’état solide	• Volume et forme définis • Particules liées entre elles, ne pouvant pas se déplacer • Incompressible • Particules ordonnées • Mouvement de vibration uniquement	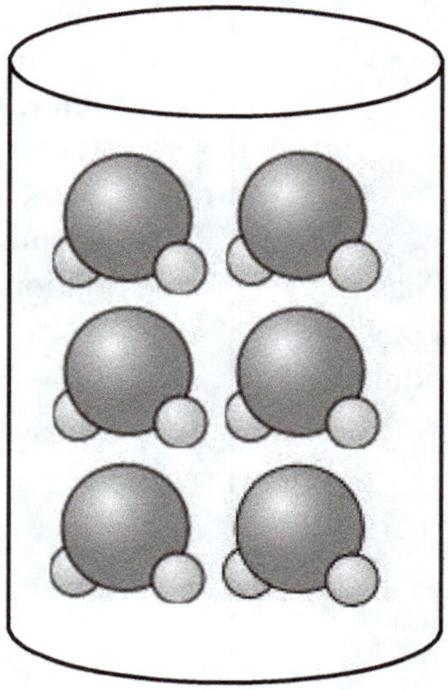
Source : https://www.futura-sciences.com/sciences/definitions/physique-etat-matiere-15049/ *http://www.alloprof.qc.ca/BV/Pages/s1009.aspx*		

Dans ses expressions métaphoriques, traduisant le lien existant entre matrice de base commune à l’ensemble et références à la structure organisationnelle dans les sociétés humaines, le langage l’illustre parfaitement. Des locutions verbales comme : « Ne former qu'un corps ; ne faire qu'un corps (et qu'une âme) ; faire corps avec. Être solidaire de, être uni à, ne faire qu'un avec ; adhérer à, ne former qu'un tout, qu'une masse avec » renvoie aux molécules d’eau dont les particules liées entre elles sont ordonnées, avec un mouvement de vibration unique. Il en est ainsi d’une idéologie imposée avec port de vêtements identiques (régime de Mao Tsé-Toung, par exemple), le semblable y est alors omniprésent.

Entre 0 et 100 degrés, cet élément, l’eau, reste à l’état liquide (tableau 35) :

> À l’état liquide, les molécules d’eau (H2O, deux atomes d’hydrogène et un d’oxygène) sont mobiles. Plus il y a de la chaleur, plus elles bougent. C’est ce qu’on appelle l’agitation thermique. Sous la force du mouvement, les liens qui unissent les molécules se tordent et se plient aisément. Il est donc facile pour les molécules d’eau de se coller les unes aux autres[176].

[176] https://www.quebecscience.qc.ca/14-17-ans/encyclo/une-metamorphose-de-eau/ – *Ibid.*

Tableau 35 – Phase de l'eau à l'état liquide		
Phase	**Caractéristiques**	**Molécules H2O**
Phase à l'état liquide	• Volume défini sans forme définie • Incompressible • Particules peu liées entre elles • Mouvements de vibration et de rotation	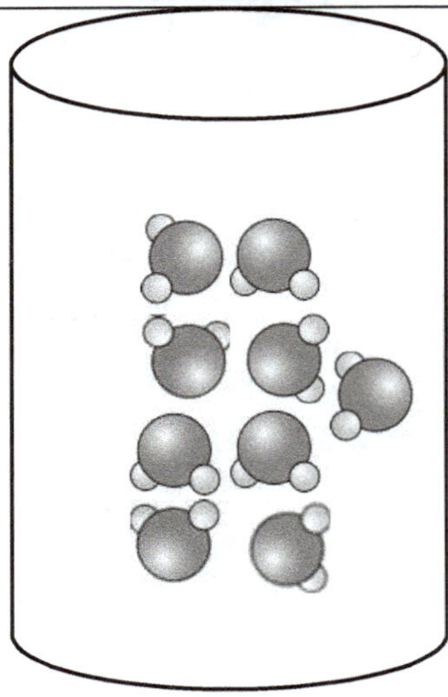
Source : https://www.futura-sciences.com/sciences/definitions/physique-etat-matiere-15049/ *http://www.alloprof.qc.ca/BV/Pages/s1009.aspx*		

Cet état des molécules à l'état liquide semble correspondre à une société de type démocratique au sein de laquelle les échanges se font librement, où le libre arbitre y est présent, et où la liberté de chacun n'y est nullement entravée. Tout en conservant leur propre individualité, les membres du groupe partagent des valeurs de base similaires : respect de l'autre et de son territoire personnel, empathie, violences jugées non pertinentes…

Donner un sens à l'interrogation, et non aux croyances a permis à la société d'évoluer. Ainsi, le siècle des Lumières a ouvert la voie à l'introspection. Les journaux intimes en sont une forme de témoignage tels ceux de Maine de Biran (1766-1824), de Benjamin Constant (1767-1830), d'Henri Beyle (Stendhal) (1783-1842), d'Alfred de Vigny (1797-1863), ou encore d'Eugène Delacroix (1799-1863). Le processus d'individuation a été décrit par Jung : « […] le terme semble couvrir deux notions : la prise de conscience qu'on est distinct et différent des autres, et l'idée qu'on est soi-même une personne entière, indivisible ; selon Jung, l'individuation est une des tâches de la maturité[177] ».

---

[177] *Cf.* http://atilf.fr/tlf.htm

L'étude de la psychologie des profondeurs, travaux réalisés par Jung, Freud et Adler, pour ne citer que ces chercheurs, a modifié la perception de la place occupée par l'homme dans la société occidentale. Le libre arbitre est lié à la liberté d'être, d'exister en tant qu'unité non duplicable. La mise en relation de l'idéologie et de la conscientisation peut se traduire par un trope appelé « aporie », ce qui correspond à un raisonnement logique dont la validité ne peut exister, puisque la contradiction y est insoluble. Il en est ainsi d'apories comme : « Il est interdit d'interdire », « Ce qui est pardonnable est d'avance pardonné. D'où l'aporie : on n'a jamais à pardonner que l'impardonnable » (Jacques Derrida) [178]. Force est de constater qu'entre le fonctionnement d'une structure sociale construite sur la rigidité et celle prenant ses sources de la liberté, l'incompatibilité y est prégnante.

Quant à la phase gazeuse de ce liquide, « [...] l'agitation et le désordre sont maximums. La vapeur d'eau occupe tout l'espace du récipient. Les distances entre molécules sont grandes. Un gaz est compressible[179] », ce qui renvoie aux structures sociales dont la stabilité est révolue (tableau 35).

La désorganisation dans la société réfère au concept d'anarchie pouvant s'appliquer à toute structure qu'elle soit politique, économique, ou autre, ce qui renvoie au sens de : « Désordre, confusion due à un défaut d'organisation, à l'absence de lois, de règles, de principes directeurs[180] ».

---

[178] Cité dans : « Autrui est secret parce qu'il est autre » (propos recueillis par Antoine Spire, dans *Le Monde de l'éducation*, n°284, septembre 2000).
[179] https://www.edumedia-sciences.com/fr/media/133-3-etats-de-leau – *Ibid.*
[180] https://www.cnrtl.fr/definition/anarchie – *Ibid*

Tableau 36 – Phase de l’eau à l’état gazeux		
Phase	**Caractéristiques**	**Molécules H2O**
Phase à l’état gazeux	• Ne possède ni forme ni volume propre • Particules éloignées • Particules non liées entre elles et libres de leur déplacement • Compressible • Particules désordonnées • Mouvements de vibration, de rotation et de translation	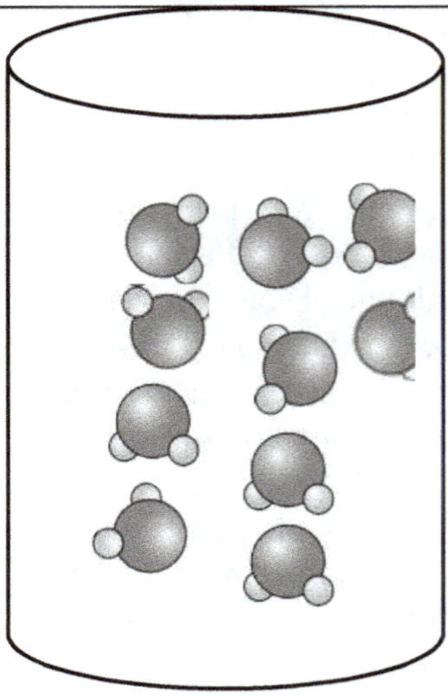
Source : https://www.futura-sciences.com/sciences/definitions/physique-etat-matiere-15049/ *http://www.alloprof.qc.ca/BV/Pages/s1009.aspx*		

Si nous considérons les trois aspects modifiés de l’eau, lesquels sont dus au changement de température, et que nous les mettons en relation avec les modifications de la structure groupale humaine, modifications pouvant être reproduites dans le cadre d’autres structures, nous constatons que la base y est similaire (figure 37).

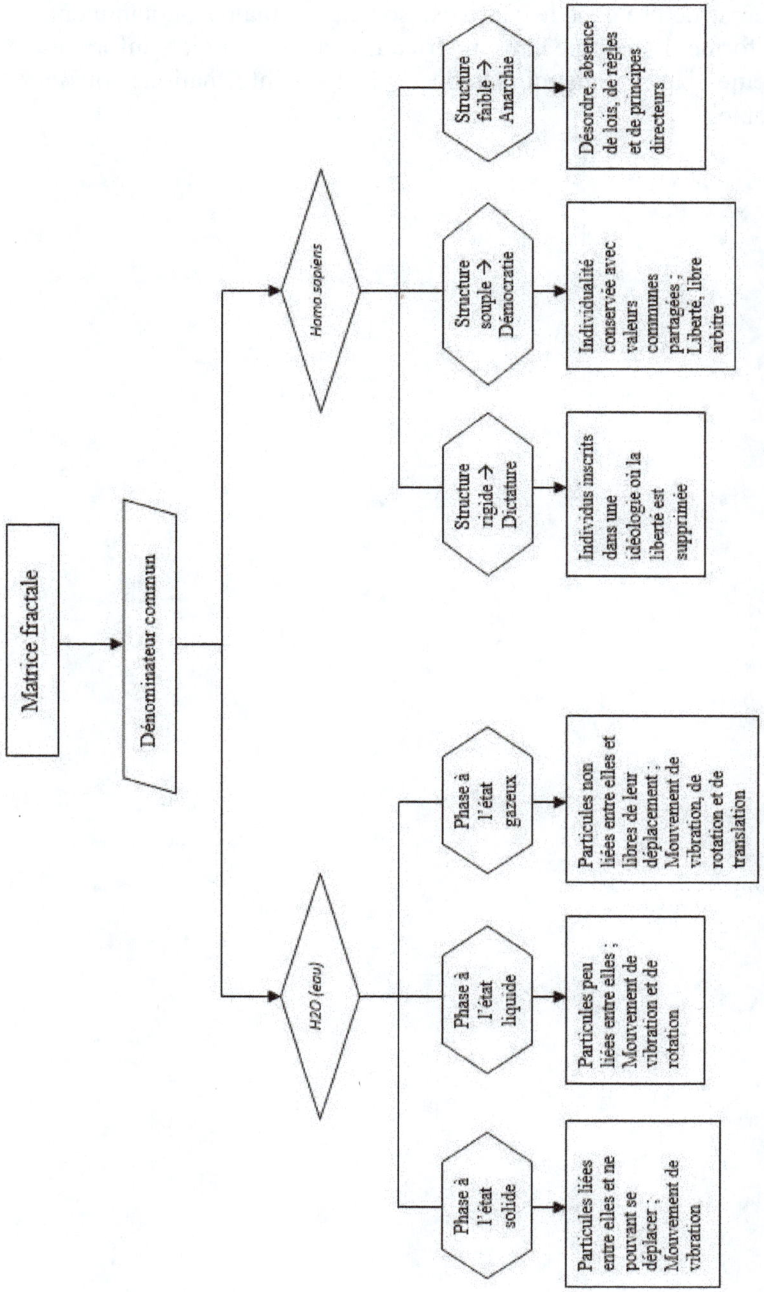

Figure 37 - De la matrice fractale redistribuée entre H2O et *Homo sapiens*

Étrangeté de l'existence avec une similarité retranscrite de la microstructure à la macrostructure dans le cadre des sociétés humaines, notamment. Y aurait-il une forme d'analogie entre matrice fractale et logiciels informatiques dont les mêmes bases logistiques redistribuent les informations sous des formes différentes ?

TROISIÈME APPROCHE

ENTRE MATRICE FRACTALE ET BIOMIMÉTISME

Introduction

Bien que mes compétences intègrent le champ de la linguistique et des domaines connexes comme l'onomastique, la sociologie et l'anthropologie, l'interrogation que je pose sur le sens de la vie et des objets du monde à travers la perception qu'en a l'être humain fera appel à des sources vérifiées et vérifiables dans le cadre d'approches scientifiques très différentes de la mienne. Réalisée à notre échelle, l'observation de la relation existant entre deux objets/évènements peut nous apparaître comme inexistante, mais cette même observation faite à une échelle faisant appel à la scalarité pourrait nous faire prendre conscience qu'un lien potentiel est déjà existant ; cette même observation réalisée à une échelle plus globale montre que l'ensemble des objets du monde s'inscrit dans un substrat réticulaire où chaque unité est reliée à une autre, que ce soit directement ou indirectement.

Comme nous l'avions observé dans les chapitres précédents, diverses formes de matrice de base semblent se reproduire à des échelles différentes dans leur forme, mais pas dans leur contenu. Ainsi, dans le cadre de la mise en relation entre les phases de modification de l'élément « eau » et celles de la transformation des structures groupales humaines, un certain nombre de paramètres leur sont communs :

- Biotope fermé composé d'unités similaires : molécules d'eau, membres appartenant à des groupes humains partageant des valeurs communes ;
- Phase en relation avec des liaisons spécifiques entre chaque unité faisant partie d'un ensemble : structure rigide (dictature, eau à l'état solide), structure souple (démocratie, eau à l'état liquide), structure faible (anarchie, eau à l'état gazeux).

Nous avons noté également une procédure similaire existant entre microstructure et macrostructure dans le cadre de la force vitale où l'objectif à atteindre est de gagner son inscription dans la macrostructure, inscription traduite par un phénotype spécifique à telle unité du vivant ; dans la macrostructure, devenir le représentant de tel mouvement s'inscrit dans le même processus. Les exemples présentés ci-dessous en sont une illustration.

- Groupe d'unités dissemblables vivant en apposition sans se mélanger, chaque groupe ayant un objectif à atteindre (leucocytes – défense de l'organisme – territoire biologique) ; armée, défense du pays (territoire physique) ;
- Appartenance à un groupe donné traduite par le port d'uniformes, par l'inscription dans une culture et un langage aux valeurs communes,

par les anthroponymes comme le patronyme ou le matronyme, entre autres, renvoyant le sujet social à ses origines biologiques ou substituées (adoption). Les différentes échelles de la société peuvent aussi traduire des valeurs communes à un groupe donné avec des formules de politesse utilisées dans certains milieux uniquement.

La force commune à l'ensemble du monde du vivant est en corrélation avec la survie en synchronie liée à la reproduction, ce qui se traduit par la violence et le pouvoir possédé par le dominant, bien souvent le mâle alpha, ce que nous retrouvons dans les stratégies utilisées en politique chez l'*Homo sapiens*. Cette procédure renvoie à une étude fort intéressante, réalisée par Dawkins, éthologue, qui montre, dans un ouvrage dédié à la génétique, que la machine à survie : notre corps, est dirigée par ce que ce chercheur qualifie de « gène égoïste », ce qui se traduit par certaines formes de violence.

> Les gènes sont les programmeurs et ils programment pour leur vie. Ils sont jugés en fonction du succès de leur programme face aux dangers auxquels la vie soumet leurs machines à survie et le juge est le juge impitoyable du tribunal de la survie. [...] Mais les priorités les plus évidentes d'une machine à survie, ainsi que du cerveau qui prend les décisions pour elle, ce sont la survie individuelle et la reproduction (Dawkins, 2003 : 93).

Dans cette troisième partie, dans le premier chapitre, nous allons donc reprendre les différentes approches d'une forme de matrice fractale commune à l'ensemble des objets du monde dans l'aspect du contenant, mais réalisée de manière particulière dans son contenu, matrice posée comme hypothèse non vérifiée, mais permettant d'ouvrir sur de nouveaux questionnements. Nous allons tenter, également, de démontrer que le langage peut nous permettre d'accéder à l'ensemble des informations existantes qui, lorsqu'elles n'ont pas encore été décodées, sont traduites par des figures de style leur servant de support représentationnel.

Le chapitre deux sera articulé autour du biomimétisme, champ de recherche scientifique dérivé de l'observation des facteurs existants, permettant à toute unité du vivant de pouvoir survivre, quel que soit son environnement, facteurs qui, réactualisés dans le paradigme de l'être humain, sont à l'origine d'artéfacts divers : aéroplanes, sous-marins, etc., que ce soit par le biais de la mise en relation d'informations existantes et traduites dans le champ de l'intuition, mais aussi dans le cadre d'une prise de conscience, procès permettant à l'humanité de décoder de manière beaucoup plus pointue son environnement.

Dans le troisième chapitre, il sera développé une étude en relation avec la robotique née d'artéfacts variés, mais dont la reproduction renvoie à des comportements divers dérivés de notre inscription dans le monde animal. Chez l'être humain, l'activation de son champ émotionnel dans sa relation avec certains robots en est l'illustration. À partir de là, il sera montré que dans le cadre des facteurs liés à la communication (émission de gaz chimiques, gestuelles) que ce soit dans le paradigme des variétés végétales ou des espèces animales, une forme de programmation y est omniprésente. Elle sera traduite par des algorithmes qui en justifieront la réalité.

Par ailleurs, nous mettrons en relation le biomimétisme dérivé de l'observation de notre appartenance humanoïde à son application à travers l'intelligence artificielle, mais nous nous interrogerons également sur la création de certains artéfacts comme les casques de réalité virtuelle. Ne prendraient-ils pas leur source du biomimétisme dans le cadre d'une forme de réalité non perçue, mais, peut-être, existante ?

Nous finaliserons l'ensemble de cette étude par différents questionnements qui intégreront la conclusion

3.1. De la matrice fractale comme facteur commun à l'ensemble des objets du monde et de son décryptage à travers le langage

3.1.1. Du langage inscrit dans la binarité

La microstructure du monde du vivant prend sa source du code génétique :

> A, T, C et G sont les « lettres » du code de l'ADN : des instructions contenues dans un gène qui déterminent comment la cellule va fabriquer une protéine spécifique. Elles représentent des produits chimiques (respectivement l'adénine, la thymine, la cytosine et la guanine) et constituent les bases nucléotidiques de l'ADN. Le code de chaque gène combine les quatre produits chimiques de diverses façons pour épeler des « mots » de trois lettres spécifiant quel acide aminé est requis à chaque étape de la fabrication d'une protéine[181].

Par ailleurs, comme il est mentionné dans le glossaire de ce site dédié à ces informations : « Dans l'appariement des bases, l'adénine s'apparie toujours avec la thymine, et la guanine s'apparie toujours avec la cytosine[182] ». La binarité y est toujours présente.

Comme je l'avais précisé dans l'introduction générale, mes compétences sont de l'ordre de la linguistique, cependant la mise en relation de phénomènes existant dans la microstructure d'où nous sommes issus et la macrostructure

---

[181] http://www.genomequebec.com/glossaire.html#c – Page consultée le 28 mai 2019.
[182] *Ibid.*

au sein de laquelle nous sommes intégrés peut trouver sa traduction au niveau du langage.

Pour revenir à la binarité inscrite dans la microstructure, dans la macrostructure, elle peut se décliner sous des formes variées. Dans le cadre de notre outil communicationnel, le langage, en linguistique elle sera traduite par l'antonymie.

Cette opposition entre deux objets nés de la même source : champ sémantique, symétrie (**jonction**/dis**jonction**) renvoient, indirectement, à la lexicologie, la synonymie, l'antonymie et la proxémie. À travers différents exemples, une approche syncrétique de cette configuration sera illustrée dans le tableau 37. Afin d'éclairer le lecteur sur cette approche linguistique, le mot-pôle correspond à l'unité lexicale mise en exergue et autour de laquelle l'étude sera réalisée – ici, il s'agit des termes « amour », « diurne » et « blanc » –. En corrélation avec leur analyse lexicale, synonymique et antinomique, y sera ajoutée la technique recouvrant l'étude de la « distance sémantique entre les mots » (Loiseau, Gréa, Magué, 2010 : 53), dont ces auteurs donnent la définition suivante : « Appelons, à la suite de B. Gaume[183], proxémie la proximité ainsi définie et proxèmes les mots les plus proches d'un mot-pôle donné » (*ibid.* : 66).

Tableau 37 – Quelques exemples de l'objet du monde et de ses déclinaisons multiples

Lexicologie	*Synonymie*	*Antinomie*	*Proxémie*
		Amour	
Attirance, affective ou physique, pour un autre être	passion attachement affection amourette	haine animosité aversion antipathie	affection passion attachement caprice
		Diurne	
Qui se fait, qui a lieu le jour	diurnal journalier quotidien éphémère	nocturne	continuel courant court de chaque jour

[183] La relation de « proxémie » avancée par Gaume est assez différente en tant qu'elle est le résultat d'un algorithme de marche aléatoire. Elle se présente sous la forme d'une liste de mots classés en fonction d'une distance que Gaume réinterprète directement en termes sémantiques. Selon l'auteur, en effet, la proxémie organise des relations de superordination (hyperonymie / hyponymie) sur un *continuum* qui peut aller des emplois « intradomaine » (par ex., éplucher – peler, qui appartiennent tous les deux au domaine //culinaire//) jusqu'à la prise en compte d'emplois plus figurés (par ex. éplucher — déshabiller, qui n'appartiennent pas aux mêmes domaines), prise en compte que l'approche par détection de cliques ne permet pas. (Loiseau, Gréa, Magué, 2010 : 72).

Blanc			
Combine toutes les couleurs du spectre solaire	pur blanchâtre net pâle	bronzé coloré couleur foncé	azurement beau blanc blancheur

Les unités lexicales « amour » et « haine » représentent l'acmé des sentiments éprouvés par l'être humain, lesquels renvoient indirectement à l'harmonie et à la disharmonie ; elles en sont aussi le fait saillant.

La synonymie correspond à la relation existante entre deux unités lexicales, signifiants interchangeables, sans qu'il y ait une modification majeure du signifié. Dans le cas de figure de la lexie : « amour », sur un site dédié à la linguistique[184], 96 synonymes y figurent ainsi que 20 antonymes (tableau 38).

Tableau 38 – Des synonymes et des antonymes de la lexie « amour »
96 synonymes admiration, adoration, affect, affection, altruisme, amativité, amitié, amourette, amusement, ange, Aphrodite, archer, archerot, ardeur, association, attachement, attirance, aventure, babiole, badinage, bagatelle, baise, batifolage, béguin, biquet, bluette, bouillonnement, bricole, caprice, chaleur, charité, cœur, concubinage, concupiscence, conquête, contemplation, coquetterie, coup de foudre, culte, cupidon, délicatesse, désir, dévotion, dévouement, dilection, enfant, engouement, entente, enthousiasme, éros, estime, faible, fanatisme, fantaisie, ferveur, feu, fièvre, flamme, fleurette, flirt, folie, fraternité, fréquentation, galanterie, goût, grâce, hymen, hyménée, idolâtrie, inclination, intérêt, intrigue, ivresse, liaison, marivaudage, mouvement, mysticisme, passade, passion, passionnette, penchant, philanthropie, piété, plaisir, pulsion, putto, relation, sens, sensibilité, sentiment, tendance, tendresse, tocade, touche, vénération, Vénus
20 antonymes abomination, animosité, antipathie, aversion, désaffection, désamour, détestation, éloignement, envie, exécration, froideur, haine, horreur, indifférence, inimitié, malveillance, mésintelligence, prévention, rancune, ressentiment

Comme nous le disions précédemment, l'amour est une des composantes du champ émotionnel de l'être humain ; il ne peut être traduit que par une forme d'approximation. En effet, bien qu'intégrés dans la matière, ce qui correspond

[184] http://crisco.unicaen.fr/des/synonymes/amour – Page consultée le 31 mai 2019.

à la particule dans la microstructure, nos ressentis, quelle qu'en soit la nature, sont de l'ordre de l'onde. Dans le langage, ce phénomène y est traduit indirectement comme « être en résonance avec quelqu'un », « l'amour qui nous éclaire », « se consumer d'amour », « déclarer sa flamme », « l'éclat du regard ». Certains proxèmes[185] liés à l'unité lexicale « amour » renvoient à des termes comme « feu », « flamme », soit une manifestation de nos ressentis traduits sous la forme d'ondes comme la lumière correspondant à : « [un] rayonnement électromagnétique dont la longueur d'onde, comprise entre 400 et 780 nm, correspond à la zone de sensibilité de l'œil humain, entre l'ultraviolet et l'infrarouge » et à la chaleur : « Les physiciens qualifient la chaleur d'énergie thermique. Dans le système international, elle se mesure donc en joules (J). La chaleur correspond plus précisément à un transfert d'énergie[186] ».

Dans l'espace sémantique articulé autour de la lexie : « amour » et ses synonymes, dans la figure 38, il a été relevé quelques proxèmes proches de ce mot-pôle : hyménée et délicatesse. La déclinaison des synonymes du terme « délicatesse » y est présentée. Quand nous parlons d'une gamme de sons ou de couleurs, ce qui correspond à une « série quelconque dont tous les éléments constituent une gradation continue[187] », nous retrouvons ce même phénomène dans tout ce qui est de l'ordre du percept, appelé aussi *qualia*[188]. Inscrire ces phénomènes dans un organigramme hiérarchique (arborescence) n'est pas adapté, puisqu'il ne s'agit pas d'objets inscrits directement dans la matière et perçus comme tels. Les couleurs sont une redéfinition de la lumière blanche à travers un prisme et elles se déclinent en longueur d'onde.

Pour revenir à cette approche, même si d'un point de vue sémantique, des distances sont perçues comme existantes entre deux proxèmes, leur variation peut différer d'une culture à l'autre ; il en est ainsi dans certaines religions où le terme « amour » sera lié à son proxème le plus pertinent comme le mariage et la génération future. *A contrario*, un objet physique, perçu directement, sera évalué à une distance proxémique identique d'un individu à l'autre.

---

[185] https://www.cnrtl.fr/proxemie/amour – Page consultée le 25 août 2020.

[186] https://www.futura-sciences.com/sciences/definitions/physique-chaleur-15898/ – *Ibid.*

[187] https://www.cnrtl.fr/definition/gamme – *Ibid.*

[188] « Au sens général, un quale est une qualité sensible présentée par une chose dans un contexte d'observation déterminé », (op. cit. : 11).

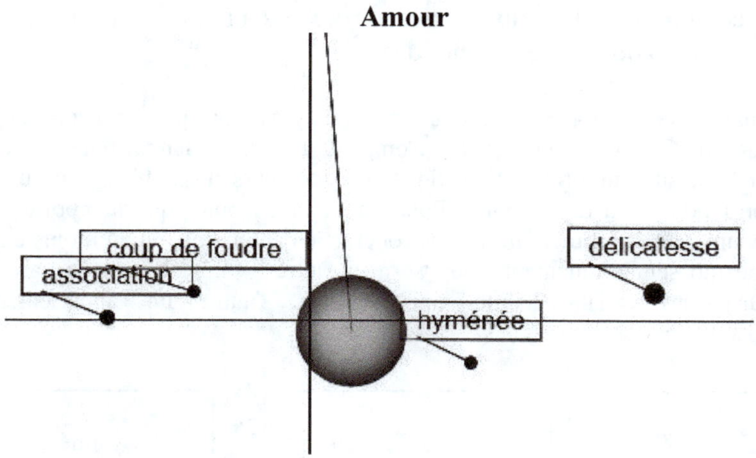

CLIQUES DE :

délicatesse

amour coeur délicatesse goût

amour coeur délicatesse sensibilité tendresse

amour délicatesse galanterie grâce

amour délicatesse galanterie tendresse

amour délicatesse goût grâce

Figure 38 – Champ sémantique de la lexie « amour » et de son synonyme « délicatesse »
Source : http://crisco.unicaen.fr/espsem/amour

Bien que le ressenti soit traductible au niveau du langage, sa retranscription différera de celle des objets inscrits dans la matière. Si nous prenons l'unité lexicale : « végétal » et que nous cherchions ses antonymes, nous trouverons les lexies suivantes : animal, animalité[189], lexies dont la pertinence n'est pas adaptée à l'antonymie, puisque leur matrice d'appartenance diffère. Quant aux objets matériels comme « maison », « arbre », ils n'ont pas d'antonymes

[189] https://www.cnrtl.fr/antonymie/v%C3%A9g%C3%A9tal Page consultée le 31 mai 2019.

directs comme nous le trouvons avec la lexie « amour » opposée à la lexie « haine ». Ainsi que le mentionne Masseron[190] :

> En particulier de nombreux noms « concrets » n'en ont pas : maison, jardin, livres, etc. C'est tout au moins ce qu'on peut observer en langue, en se fondant pour cela sur l'intuition linguistique des locuteurs aussi bien que sur les informations d'un dictionnaire. Pourtant, il faut ajouter que n'importe quel discours peut constituer l'un de ces concrets en antonyme, ou au moins en un terme qui sémantiquement s'oppose à un autre : « côté cour, côté jardin » (cour/jardin), « l'un habite une maison, l'autre un appartement » (maison/appartement).

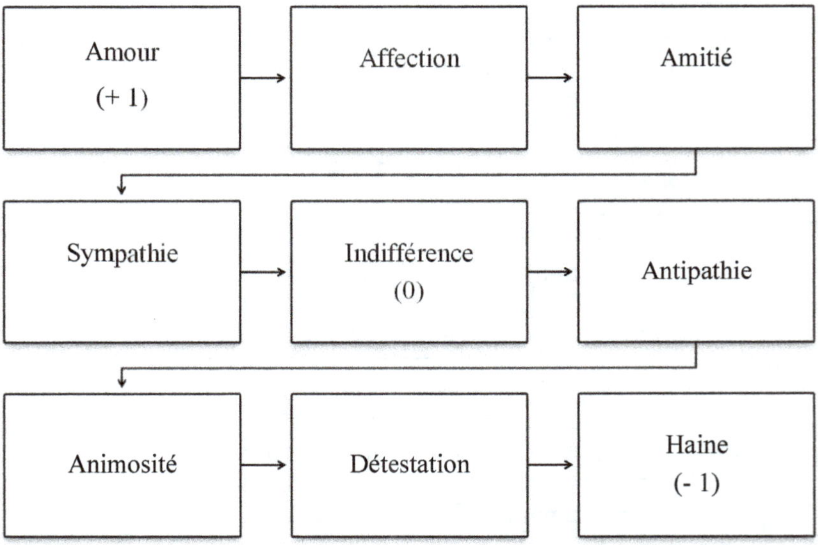

Figure 39 – Organigramme de processus : de l'amour à la haine, et inversement

Inscrits dans la même matrice, à savoir la binarité, deux objets ayant une base commune comme les unités lexicales amour/haine, faisant partie du même champ affectif lié à la relation à notre *alter ego*, peuvent être en opposition totale. Leur annulation se traduit alors par l'indifférence. Sous forme chiffrée, cela donne : - 1 (haine), + 1 (amour), l'addition des deux étant égale à zéro. Être indifférent est en relation synonymique avec : « Qui n'est pas concerné ; qui n'est pas plus concerné par une chose que par une autre ; qui est insensible,

---

[190] Masseron Caroline. « Propositions de travail pédagogique sur les antonymes ». *In* : *Pratiques : linguistique, littérature, didactique*, n°43, 1984. Le sens des mots. pp. 6-29 ;
doi : https://doi.org/10.3406/prati.1984.1317
https://www.persee.fr/doc/prati_0338-2389_1984_num_43_1_1317

détaché[191] ». Entre amour et haine, la déclinaison scripturaire traduisant le ressenti peut être infinie ; en effet, il suffit d'en modifier un élément, fût-il infime ou insignifiant (figure 40). Ainsi dans des phrases comme : « C'est ma meilleure amie », « Ce fut une de mes amies », « C'est une amie, mais parfois nous rencontrons quelques problèmes », la notion d'amitié prend alors des valeurs fort différentes. Il en est de même pour l'ensemble des composants du champ émotionnel.

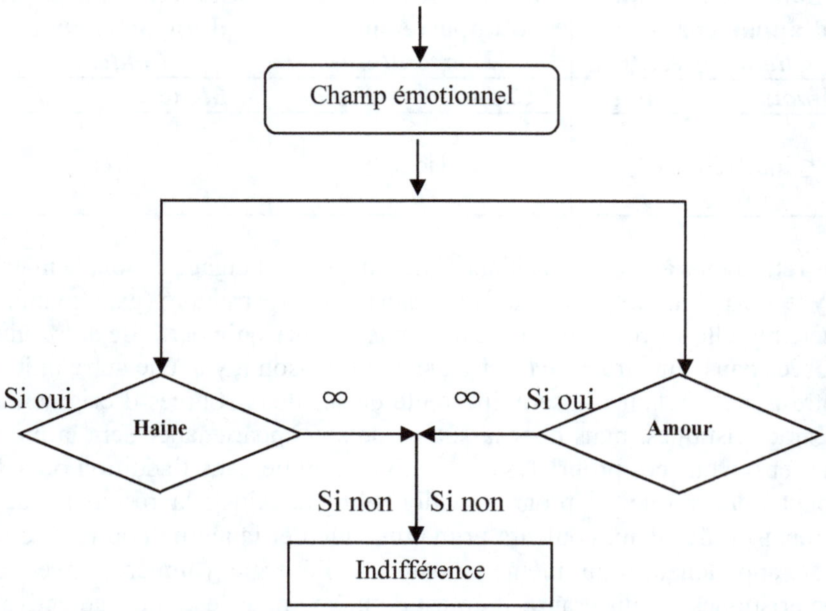

Figure 40 – Logigramme en relation avec l'antonymie

Dans le cadre de leur appartenance au champ affectif/émotionnel, lequel renvoie au champ des ondes dans leur fonctionnement, la redéfinition des mots-pôles antonymiques se décline de manière infinie, même si leur traduction lexico-sémantique est limitée. Prenons l'exemple du terme « bonheur » dont l'antonyme est « malheur ». Entre ces deux opposants, la déclinaison synonymique est la suivante à partir des six unités les plus pertinentes : félicité, joie, béatitude, bien-être, chance, prospérité. Cette même déclinaison avec le mot-pôle opposé : « malheur » va faire appel aux premiers synonymes suivants : tribulation, calamité, catastrophe, malchance, affliction, épreuve. Or chaque lexie prend une valeur différente en fonction du contexte langagier, ce qui renvoie à une réécriture démultipliée : langue utilisée, substrat socioculturel du locuteur, histoire personnelle… ce qui peut s'écrire sous la forme : $\{- x^{\infty} \neq + x^{\infty}\}$

[191] https://www.cnrtl.fr/definition/indiff%C3%A9rent – Page consultée le 31 mai 2019.

En référant à l'antonymie, procédure linguistique mettant en opposition des termes dont le sens de l'un exclut celui de l'autre comme, par exemple, la lexie « amour » qui, dans son sens absolu, ne peut être associé à celle de « haine », la conjugaison des deux termes en effacera chacun d'eux pour donner sens à un nouveau (tableau 39).

Tableau 39 – De la binarité des antonymes et de leur conjugaison					
Champ sémantique d'appartenance : ***Champ affectif***		**Champ sémantique d'appartenance :** ***Température***		**Champ sémantique d'appartenance :** ***Couleur***	
Amour	***Haine***	***Chaud***	***Froid***	***Blanc***	***Noir***
≤ Indifférence ≥		≤ Tiède ≥		≤ Gris ≥	

Nous retrouvons à nouveau la binarité traduite par le langage et dont la matrice x + y = z est similaire à celle existant dans la microstructure (gamète mâle + gamète femelle = procréation). Ce qui revient à dire qu'à partir de deux unités opposées dans leur structure (x et y), si combinaison il y a, une autre unité va en être issue (z), laquelle sera différente de ses deux sources d'origine dans ses caractéristiques, mais dont la source de son appartenance sera la même. Nous retrouvons ces propriétés associatives comme dans l'addition où a + b ne peut donner que c : programmation oblige ! Ainsi, la résultante de la combinaison des deux couleurs primaires : bleu et jaune ne pourra être que verte : appartenance au même champ de l'énergie (lumière), avec des caractéristiques les différant ; il en est de même pour les unités adjectivales « chaud » et « froid » dont la combinaison donnera « tiède » : appartenance au même champ lié à la température, mais traduite différemment dans leurs caractéristiques.

Dans ces cas de figure, il s'agit de valeurs données et se déclinant de la plus haute à la plus basse, et inversement. Comme il a été présenté, le tableau 37 (pp. 146-147) en est l'illustration avec les multiples possibilités de la déclinaison de la valeur née de deux valeurs ayant une base commune au niveau de leurs origines.

Au niveau de la linguistique, l'appartenance correspondra à leur champ sémantique, et les caractéristiques, aux différentes lexies le composant.

Contrairement aux exemples présentés ci-dessus, l'intégration de certains affixes à une unité lexicale donnée ouvrira sur l'inversion de la valeur donnée à telle unité lexicale. Il en est ainsi du préfixe *dis-* qui « vient du préfixe latin *dis-*. Le préfixe *dis-* évoque généralement la séparation, la différence ou l'absence[192] » et correspond à des monèmes confixés[193] que nous retrouvons dans certains verbes, substantifs, adjectifs et adverbes : harmonie/disharmonie, continu/discontinu, qualifié/disqualifié. Nous retrouvons cette procédure dans le préfixe *anti-*, lequel renvoie à ce qui est « contre la notion désignée par la base[194] », comme les unités lexicales : anti-corrosif, anti-éblouissant, anticapitalisme, anticatholicisme, anti-communiste. Dans ce cas de figure, la résultante de la combinaison des deux termes est l'annulation, ce que nous retrouvons dans l'addition de deux nombres entiers de même valeur, mais de signe opposé : (+ a) + (– a) = 0.

En effet, entre ces unités lexicales dont la racine est identique, l'annulation est dérivée de la mise en place d'un préfixe la traduisant (tableau 40).

Tableau 40 – L'annulation de composants linguistiques identiques *via* des affixes	
Harmonie	Dis**harmonie**
Continu	Dis**continu**
Qualifié	Dis**qualifié**
Composants : + **a** + **b** + **c**	Composants : **- a** – **b** – **c**
0 (Annulation de la matrice de base d'origine)	

Évoquer la science-fiction dans le cadre de la linguistique peut sembler quelque peu singulier. À ce propos, Curir, astronome, et De Felice, professeur de physique théorique ont publié un ouvrage interrogeant sur l'écriture de la science-fiction et de certaines découvertes réalisées et y renvoyant. Ainsi que le spécifient ces chercheurs :

> La science-fiction attire l'attention de la communauté scientifique, mais aussi des profanes, sur une grande variété d'objets, de machines et de situations excitantes qui sont le fruit d'une science improbable. Néanmoins, chaque récit

---

[192] http://bdl.oqlf.gouv.qc.ca/bdl/gabarit_bdl.asp?id=3743 – Page consultée le 31 mai 2019.

[193] « — synthème confixé formé à partir d'un monème confixé, qui dans la plupart des cas est préposé, et d'un monème libre, comme dans géopolitique, télévision ». Adamou Evangelia, « Sur la description des procédés synthématiques », *La linguistique*, 2003/1 (Vol. 39), p. 161-164. DOI : 10.3917/ling.391.0161. Page consultée le 2 juin 2019.
URL : https://www.cairn.info/revue-la-linguistique-2003-1-page-161.

[194] https://www.cnrtl.fr/definition/anti- – Page consultée le 25 août 2020.

de science-fiction crée des mèmes qui restent disponibles dans l'esprit de chacun comme des contributions potentielles au développement de la vraie science. Des morceaux du message de la fiction peuvent émerger dans la réalité dans un futur que nul ne peut prévoir (2020 : 135).

Pour revenir à l'annulation d'un objet existant quand l'ensemble de ses composants se déclinent de façon opposée, mais symétrique, nous retrouvons ce phénomène existant dans la microstructure où la rencontre matière/antimatière ouvre sur l'annulation :

> La matière et l'antimatière sont formées d'espèces complètement symétriques : à chaque particule élémentaire de matière correspond son image en antimatière. Ces pendants partagent de nombreuses propriétés identiques, comme la masse, la durée de vie ou encore le spin. Ils diffèrent cependant sur leur charge électrique et certaines de leurs propriétés quantiques qui sont inversées. La rencontre de la matière et de l'antimatière provoque leur annihilation et la libération d'énergie[195].

Afin d'avoir une meilleure approche de cette forme de programmation, dans la figure 41, l'ensemble des éléments faisant partie des objets du monde, quelle qu'en soit la forme (animé, inanimé, ressenti…), y sera retranscrit dans le cadre d'une analyse de leur imbrication ainsi que de leur évolution. Deux éléments y seront juxtaposés : la microstructure et la macrostructure et, à partir de chacun d'eux, différents schémas en montreront l'évolution à partir de leurs potentialités ainsi que de leurs réalisations.

Avant de procéder à l'analyse de cet organigramme, nous allons apporter quelques précisions en ce qui concerne les notions de biotope fermé et de biotope ouvert. Tout biotope est considéré comme fermé lorsqu'il est intégré à une arborescence dont il occupe un rang inférieur au biotope considéré comme ouvert. Il en est ainsi de la microstructure (code ADN, molécules…) intégrée dans la macrostructure, laquelle correspond à notre planète. Cette dernière peut également être considérée comme un biotope fermé dans le cadre de son intégration au système solaire duquel elle dépend.

L'analyse de cet organigramme montre que l'ensemble des objets du monde (animal, végétal ou minéral) sont tous issus de la microstructure où ils n'étaient que potentialités ; ils intègrent la macrostructure en tant qu'objet réalisé. En que ce qui concerne les artéfacts issus du savoir-faire humain, la procédure est similaire. L'ensemble fait partie d'un biotope fermé, ce qui signifie que, même si l'évolution de chaque objet est liée au facteur temps, il en garde néanmoins son identité.

---

195 https://lejournal.cnrs.fr/articles/les-enigmes-de-lantimatiere – Page consultée le 25 août 2020.

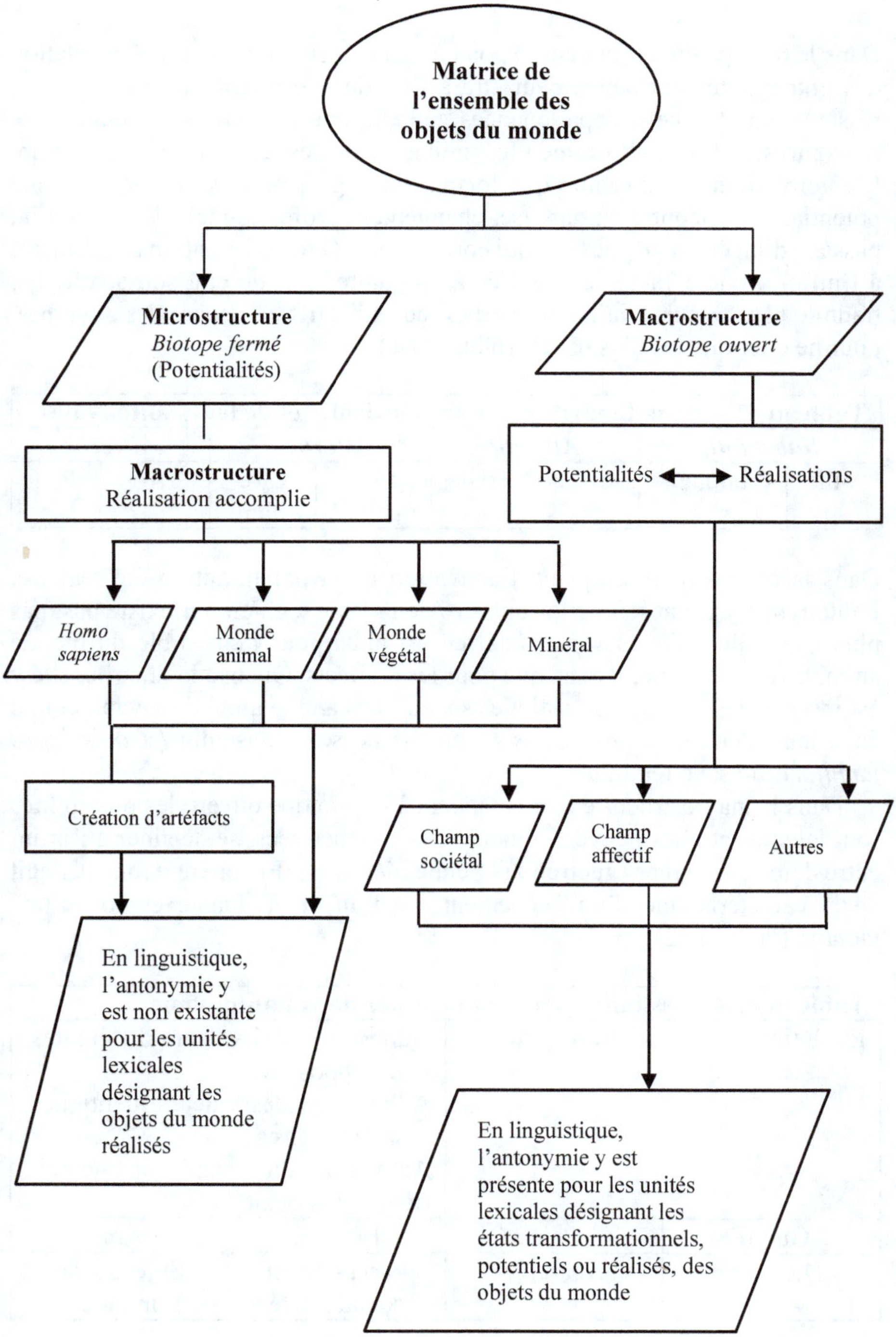

Figure 41 – Organigramme traductif de la retranscription des objets du monde entre réalisation et potentialité

Dans le biotope ouvert qui correspond à la macrostructure, la mise en relation des potentialités existantes peut être à l'origine de modifications diverses : ressentis émotionnels, appartenances géopolitiques, substrats socioculturels, rencontres... En linguistique, les unités lexicales en sont la traduction. L'antonymie n'est existante que lorsqu'il y a possibilité d'activation d'une potentialité (rencontre amoureuse, changement professionnel...). Il s'agit du passage d'un état à un autre, ce qui correspond à la transformation se déclinant à l'infini d'une caractéristique, liée à une unité lexicale et à son antonyme, traduite par des substantifs, des verbes, des adjectifs ou encore des adverbes, pour ne citer que les plus usuels (tableau 41).

Tableau 41 – De la binarité des unités lexicales et de leurs antonymes							
Substantif		***Adjectif***		***Verbe***		***Adverbe***	
Ville	Campagne	Joyeux	Triste	Être rassasié	Être affamé	Trop	Peu

Dans la microstructure, quand l'activation de la potentialité a été réalisée, l'antonymie y est absente : le contraire de la lexie « chien » n'existe pas, pas plus que celle d'*Homo sapiens* ; il en est ainsi pour l'ensemble du monde animal, végétal, minéral ainsi que pour les artéfacts. Quant à la binarité, elle y est inscrite dans les caractéristiques spécifiques à telle unité du vivant, et non dans leur identité : *Canis lupus familiaris* de sexe masculin / *Canis lupus familiaris* de sexe féminin.

Dans la macrostructure correspondant à un biotope ouvert, les possibilités sont latentes et elles peuvent, quand elles sont activées, se décliner à l'infini entre deux antonymes (guerre/paix ; ennemi/ami...). Encore une fois, il s'agit de la caractéristique d'un évènement ou d'un objet donné, et non d'une identité (tableau 42).

Tableau 42 – Possibilités latentes inscrites dans l'antonymie			
Évolution de la structure sociétale		Adhésion à des valeurs différentes, voire opposées ; Adhésion à des valeurs identiques, voire similaires ; Activation du champ instinctuel : rivalité / jalousie.	
Guerre	Paix	Ennemi	Ami
Dictature	Anarchie	Paria – Sujet social rejeté	Sujet social intégré

Afin d'avoir une meilleure approche de ce phénomène, nous allons mettre en relation ondes et particules avec les objets inscrits dans le monde de la matière et leurs références à travers la structure du langage.

Ainsi que nous le mentionnions, un objet, quelle qu'en soit la nature, possède une identité qui lui est spécifique. Cette spécificité a pour conséquence l'impossibilité à le mettre en parallèle avec un antonyme (son opposé). En effet, que ce soit dans le paradigme animal : *Canis lupus* (chien), *Felis catus* (chat), *Homo sapiens* (être humain), le monde végétal : tulipe, rose, les artéfacts : maison, automobile..., cette procédure grammaticale est inexistante. Le contraire ou l'opposé de l'ensemble des objets du monde est inexistant.

Comme nous le spécifions, ce qui a été programmé dans la microstructure, et réalisé à notre échelle n'existe qu'en tant qu'identité. Les artéfacts dont la programmation est née des recherches et de la technologie suivent la même procédure. L'ensemble fait partie du monde de la matière (particules), que cette dernière soit vivante ou inerte.

Qu'en est-il de l'antonymie applicable à l'ensemble des objets du monde ? Comme il a été déjà mentionné précédemment, il s'agit des caractéristiques liées à l'identité de l'objet et non de l'objet lui-même. Dans un dictionnaire dédié à l'antonymie et à la synonymie, un grand nombre d'unités lexicales y sont présentées. C'est donc à partir de différents exemples qu'il sera montré dans le tableau 43 que seules les caractéristiques d'un objet donné possèdent un antonyme.

Tableau 43 – Entre identité de l'objet (particules) et ses caractéristiques (ondes)		
Identité	*Caractéristiques*	
	Synonymiques	*Antonymiques*
Fracture (1961 : 254)	Morceau Segment	Entier Complet
Frêle (*ibid.* : 255)	Débile Délicat	Vigoureux Fort
Persuasion (*ibid.* : 432)	Conviction Suggestion	Dissuasion Insignifiance
Source : DUPUIS (Hector), Dictionnaire des synonymes et des antonymes, FIDES, Montréal, 1961		

Quant à l'objet lui-même, il n'en possède pas, puisqu'il intègre le champ de l'identité dérivé de la microstructure pour l'ensemble des objets du monde et celui de la macrostructure, pour les artéfacts. Il en est de même pour certaines spécificités qui prennent leur source de l'identité de base ; elles référeront indirectement au mot-pôle d'où elles sont dérivées. Dans les tableaux 44, 45 et 46, différents exemples illustreront ce phénomène.

Tableau 44 – De l'antonymie inexistante dans le cadre de la spécificité liée à l'origine de l'objet : aboiement			
Chien (hyperonyme) **Chien (*Canis lupus familiaris*) est la sous-espèce domestique de *Canis lupus*, un mammifère de la famille des Canidés (Canidae)[196].** Genre de mammifères de l'ordre des carnivores digitigrades dont le type est le chien, et qui comprend aussi le loup, le chacal et le renard.			
Hyponymes appartenant à ce même champ sémantique			
Races (quelques exemples)			
Épagneul	Caniche	Doberman	Berger Belge Malinois
Spécificités du Chien *(Canis lupus familiaris)*			
Aboiement	Mouvement de la queue (langage corporel)	Léchage (langage corporel)	Renifleur

Comme nous pouvons le constater, toutes les spécificités dérivées de l'objet-source (hyperonyme, mot-pôle), ne possèdent aucun antonyme. Dans le cadre des artéfacts, nous retrouvons la même procédure ainsi que nous allons l'illustrer dans les tableaux 45 et 46 en référant à deux termes figurant dans le dictionnaire cité : « paginer » et « parier ».

Tableau 45 – De l'antonymie inexistante dans le cadre de la spécificité liée à l'origine de l'objet : paginer
Livre, cahier, registre (hyperonyme) Assemblage de feuilles en nombre plus ou moins élevé, portant des signes destinés à être lus.
Une des spécificités de cet artéfact **Paginer**
Numéroter les pages d'un livre, d'un cahier, d'un registre.

[196] https://fr.wikipedia.org/wiki/Chien – *Ibid.*

Quant à l'unité verbale : « parier », elle renvoie à des constructions réalisées par l'être humain, soit le jeu, que ce dernier soit traduit physiquement comme une course de chevaux ou la participation à un jeu au casino, mais aussi de façon représentative comme les investissements boursiers.

Tableau 46 – De l'antonymie inexistante dans le cadre de la spécificité liée à l'origine de l'objet : parier			
Jeu avec pari			
Hyponymes appartenant à ce même champ sémantique			
Poker	Investissement boursier	Paris sportifs (course de chevaux)	Casino

En ce qui concerne la mise en relation des ressentis (*qualia*) avec le champ des ondes, cela renvoie indirectement aux ondes cérébrales, et c'est à partir de la traduction de notre environnement par notre cerveau que nous y accédons. Ainsi que le spécifie Elena Sender dans un article dédié à une étude sur le cerveau et paru dans la revue « Sciences et avenir[197] » :

> Si l'on portait en permanence un casque à électrodes qui mesure l'activité électrique de notre cerveau (électroencéphalographie ou EEG), nous observerions que l'on expérimente, chaque jour, de multiples états de conscience, chacun correspondant à l'émission d'ondes cérébrales différentes, d'une gamme de fréquences particulière (en hertz).

Et de préciser :

> Lorsqu'il est en veille active, notre cerveau émet surtout des ondes rapides, dites bêta (de 12 à 30 Hz), avec l'apparition d'ondes gamma spécifiques (vers 40 Hz) lors d'une activité intellectuelle et mentale (intense). Alors qu'en relaxation légère ou éveil calme (assis dans son canapé yeux fermés par exemple), ce sont des ondes alpha (de 8 à 12.Hz) qui dominent. Les ondes thêta (4 à 8 Hz) correspondent, elles, à la relaxation profonde, la méditation et à un certain type de sommeil (paradoxal). Enfin, en sommeil profond, les ondes majoritaires sont de type delta (de 0,5 à 4 Hz).

Ainsi, le champ émotionnel lié à un traumatisme peut se réactiver dans le cadre de situations similaires, mais non identiques. Si lors d'un traumatisme subi dans l'enfance, la peur a été l'onde activée dans le champ émotionnel, peur

---

197 https://www.sciencesetavenir.fr/sante/cerveau-et-psy/le-cerveau-dans-tous-ses-etats_107838 – Page consultée le 27 août 2020.

liée à la soumission, ce même sujet à l'état adulte, dans le cadre du phénomène de résilience, vivra un champ émotionnel réactivé par la pensée analogique dans une situation mise en relation avec l'évènement précédent, mais l'onde liée à la peur pourra s'inscrire dans le champ de la colère, soit une réaction. Nous avons deux antonymes qui, activés dans le champ émotionnel par le facteur temps, vont s'annuler, et permettre à la personne de retrouver une forme de sérénité (tableau 47).

Tableau 47 – De l'antonymie inscrite dans le facteur temps et activée dans le champ émotionnel		
Peur	**Réaction**	Colère
	≠	
	Résultante : reconstruction	
Soumission	**Réaction**	Autonomie / Liberté
	≠	
	Résultante : reconstruction	

N'y aurait-il pas une relation indirecte entre le champ émotionnel traduit par des ondes et l'absence du facteur temps ? En effet, un objet sous forme de particule : être vivant, roches, artéfacts divers sont en transformation permanente, ce qui les fait passer du stade de la construction, à celui de la finition, puis de la disparition après décomposition de ses éléments.

Dans le cadre des ondes, le facteur temps n'a aucune incidence quant à leur transformation et à leur disparition. Que ce soit une onde lumineuse, radiophonique, ou tout autre, elles resteront dans leur état. Réappliqué dans le champ émotionnel, bien que certaines de nos ondes liées à ce champ puissent être réactivées en fonction du contexte évènementiel, chacun des composants de la gamme de nos émotions gardera sa spécificité : la colère restera la colère.

Ondes ? Particules ? Constat étrange de noter que beaucoup de métaphores y réfèrent indirectement comme « avoir le regard lumineux », « avoir des atomes crochus », « être en résonance avec telle personne », « être sur la même longueur d'onde », approche qui avait été présentée dans le tableau 25, en page 88. S'agirait-il d'une base de données informationnelle transmettant des messages de cet ordre, mais indirectement, puisque la conscientisation n'est pas activée dans le cadre de ce type de tropes.

3.1.2. De la redistribution de la matrice fractale

L'observation de l'ensemble des objets du monde montre que leur construction est articulée autour de différentes matrices dont la structure de base est la même au niveau du contenant, mais redistribuées différemment en ce qui concerne leur contenu, et à des échelles différentes. Ainsi que le mentionnent Mathieu et Lebel dans le cadre d'une étude réalisée sur le biomimétisme :

> Avez-vous remarqué que les spirales sont partout ? Ce pattern est omniprésent dans l'univers. Il y a les galaxies spirales, comme notre Voie lactée, les tornades et les ouragans, l'écoulement de l'eau dans l'évier, et il y a toutes les spirales que nous retrouvons dans le monde du vivant : les jeunes fougères, la disposition des graines dans un tournesol, celles des écailles dans un cône de pin et des feuilles sur leur tige (phyllotaxie) ; les coquillages des nautiles, le lys colle, et la cochlée dans notre oreille pour n'en nommer que quelques-unes (2015 : 8).

Nous allons exemplifier ce phénomène en référant à ce qui existe et qui est observable directement à notre échelle ou, indirectement, avec l'utilisation de technologies ouvrant sur des échelles autres.

Il en est ainsi de l'arborescence que nous retrouvons chez l'arbre, végétal ligneux, au niveau de l'arbre généalogique, de l'arbre de l'évolution des espèces animales et des variétés végétales. Il en est de même de la configuration du poumon chez l'*Homo sapiens*, pour ne citer que les plus connues (tableau 48).

Tableau 48 – De la reconfiguration de la matrice fractale liée à l'arborescence	
 Duret, Claude, 1605. *Histoire admirable des plantes et herbes esmerueillables et miraculeuses en nature: mesmes d'aucunes qui sont vrays zoophytes, ou plant-animales.* Paris, N. Buon. 341 p. sur Gallica 5 avril 2019 – p. 319.	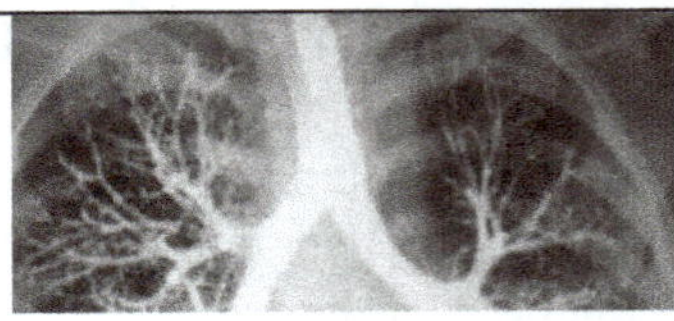  *Collabium nebulosum Blume* -Choix des plantes rares ou nouvelles (1863-1864). https://commons.wikimedia.org/wiki/File:Collabium_nebulosum_-Choix_des_plantes_rares_ou_nouvelles_-_plate_26_(1864).jpg?uselang=fr
Source : https://commons.wikimedia.org/wiki/Accueil?uselang=fr *Images libres de droits*	

Le phénomène de foule renvoie indirectement au champ magnétique.

> Même si on ne peut en voir l'orientation, il est intéressant de remarquer comment la forme des lignes de champ magnétique se compare d'un dessin à l'autre : les limailles de fer s'orientent dans la même direction que les lignes imaginaires du champ magnétique[198].

Nous allons l'exemplifier avec la matrice fractale en corrélation avec les pôles magnétiques dont la signification renvoie au « […] point de convergence des lignes de champ magnétique. Le pôle nord magnétique terrestre, correspondant au pôle sud du gigantesque aimant que constitue la Terre, est la direction qu'indique les boussoles[199] ». La mise en relation de la structure groupale humaine avec ce type de matrice montre que son articulation prend sa source des valeurs représentant la société. Si ces valeurs peuvent être

198 https://www.alloprof.qc.ca/fr/eleves/bv/sciences/le-champ-magnetique-autour-des-aimants-s1176 – Page consultée le 6 octobre 2020.

199 https://www.futura-sciences.com/sciences/definitions/physique-pole-magnetique-4253/ – Page consultée le 22 octobre 2020.

dérivées d'idéologies religieuses, mais aussi politiques, elles peuvent également tirer leur origine du niveau de l'évolution des êtres humains dans le cadre de la conscientisation. Le siècle des Lumières en est une des illustrations liées à une avancée au niveau de la prise de conscience :

> Le mouvement des Lumières tire son nom de la volonté des philosophes européens du XVIIIe siècle de combattre les ténèbres de l'ignorance par la diffusion du savoir. L'***Encyclopédie***, dirigée par **Diderot** et **d'Alembert**, est le meilleur symbole de cette volonté de rassembler toutes les connaissances disponibles et de les répandre auprès du public – d'un public éclairé[200].

La structure groupale peut être rigidifiée par le biais d'idéologies diverses, assouplie avec la liberté de penser et d'être, ou être dans le délitement total lorsqu'aucune valeur ne sert de lien à l'ensemble des sujets sociaux (figure 42).

Les valeurs en sont donc les points de convergence. Elles peuvent prendre leur source du champ instinctuel, la peur et la soumission en étant les valeurs de base. Dans ce cas de figure, la transmission intergénérationnelle les inscrit alors dans l'atemporalité, puisque le facteur temps, lié à l'évolution et au changement, n'est plus activé au niveau groupal.

Quand le facteur temps est activé, l'évolution est bien souvent liée à nombre de prises de conscience. Les valeurs socioculturelles prennent alors leur source de la conscience et non de l'instinct.

Quant à la déstructuration sociétale, elle peut être à l'origine de guerres civiles dérivées de sources de valeurs différentes, voire profondément opposées.

---

200 https://www.larousse.fr/encyclopedie/divers/si%C3%A8cle_des_Lumi%C3%A8res/130660 – *Ibid.*

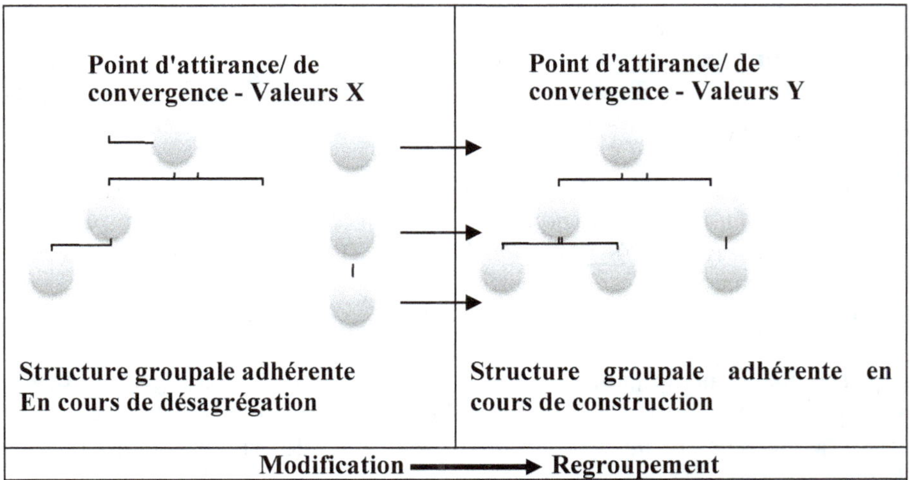

Figure 42 – Évolution d'une tendance dans le cadre du phénomène de groupe

Très singulièrement, ces procédures renvoient au pôle attractif/aimant (valeurs sociétales) et à la limaille de fer ou autre (sujets sociaux formant le groupe). Matrice fractale réécrite différemment ! Ajoutons que les valeurs socioculturelles sont en relation avec le champ émotionnel, lequel s'inscrit dans celui des ondes, comme nous l'avions noté dans le chapitre précédent. Ce type d'appartenance se traduit par des métaphores comme « être en résonance avec telle valeur », « être fier d'appartenir à tel groupe », « lutter contre », « être dans la tendance », « suivre la mode ». Les syntagmes verbaux en relation avec l'unité lexicale « valeur » reflètent ce procès lié à l'attraction, à l'attirance :

- Les valeurs fondent ;
- Les valeurs sous-tendent ;
- Les valeurs guident ;
- Les valeurs animent ;
- La valeur change ;
- La valeur a une importance ;
- La valeur transcende ;
- La valeur reflète ;
- La valeur caractérise ;
- La valeur prime (Charest, Fontaine, Saint-Germain, 2016 : 809).

Dans la deuxième partie de l'ouvrage (pp. 132–140), nous avons mis en relation la configuration des molécules d'eau en relation avec la température de leur environnement, et les structures groupales fonctionnant de façon similaire. Cette matrice fractale correspond à la procédure de structuration de l'ensemble des unités formant le groupe. Quant à la matrice fractale commune à l'attirance magnétique et aux valeurs sociétales, elle est articulée autour du point d'attirance, de convergence, soit les valeurs mises en place jouant le rôle de pôle magnétique.

Matrice fractale commune à l'eau et aux structures sociétales ***Configuration***	**Matrice fractale commune au champ magnétique et aux structures sociétales** ***Points de convergence/d'attirance***
- Eau : mise en place de la structure en fonction de la température : < 0° → glace Entre 0° et 100° → liquide > 100° vapeur	- Limaille de fer : Configuration liée à l'attirance magnétique servant de point d'articulation.
- Structure groupale Valeurs imposées et obligatoires → dictature Valeurs liées à la liberté → démocratie Valeurs en déliquescence → anarchie	- Structure groupale : Configuration liée aux valeurs servant de point d'articulation.

Figure 43 – De la matrice fractale commune au substrat réticulaire de certains objets du monde et de la société humaine

La redistribution de la configuration des objets sous des formes similaires, mais pas identiques y est prééminente dans la nature. Il en est ainsi de l'écorce de certains arbres présentant l'aspect de la peau de divers reptiles (érable à peau de serpent - *Acer capillipes*).

Quelle est la relation entre une matrice fractale et le champ de la linguistique ? Si nous prenons des objets comme une table, soit un plan solide posé sur des socles, le terme, lui-même, renvoie à l'hyperonymie, terme générique recouvrant un objet dont la structure de base peut être redistribuée de manière infinie : table de salon, table gigogne, etc., syntagmes nominaux renvoyant à l'hyponymie. Sa traduction fera appel à l'arborescence (figure 44).

Si nous référons au mot-pôle, soit l'unité lexicale de référence à partir de laquelle d'autres sont en relation de proxémie comme le terme « lumière » (figure 44), sa configuration renvoie à la matrice similaire que nous avons présentée au niveau du pôle magnétique, et qui est retraduite dans les sociétés humaines par les valeurs d'adhésion dans une structure sociétale donnée.

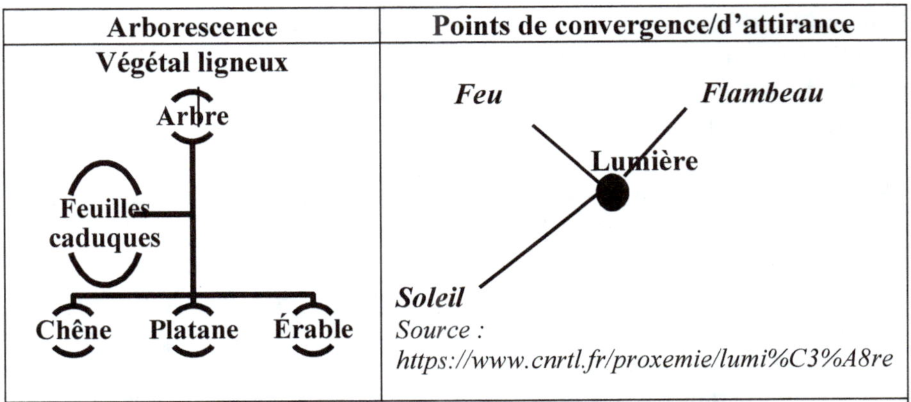

Figure 44 – De la matrice fractale redistribuée à travers le langage

La matrice fractale y est donc omniprésente dans le cadre du langage à travers l'arborescence (hyperonymie et hyponymie) et le point d'attirance/convergence (mot-pôle et proxèmes). Décodage informationnel inscrit dans la structure de type scalaire, ce que nous retrouvons dans le cadre d'une étude réalisée par des chercheurs :

> Des scientifiques ont mis en lumière des similitudes entre le réseau de neurones du cerveau humain et le réseau de galaxies qui compose l'univers. Ils ont dressé des parallèles en termes de connectivité et de fluctuation de la matière au sein des deux systèmes[201].

3.2. De la réalité perçue directement ou indirectement et traduite par le biomimétisme

3.2.1. Quand le biomimétisme prend sa source de l'observation du monde du vivant

Si chez l'*Homo sapiens*, l'observation des objets du monde est liée, dans un premier temps, à la survie de son espèce en se protégeant des prédateurs potentiels et en assurant sa perpétuation *via* sa descendance, dans un deuxième temps, la pensée analytique est à l'origine du décodage sous-jacent de l'objet observé. Le biomimétisme en est dérivé, champ disciplinaire correspondant à : « [une] démarche d'innovation durable qui consiste à transférer et à adapter

[201] https://fr.sputniknews.com/amp/sci_tech/202011171044787204-la-structure-de-notre-cerveau-est-proche-de-celle-de-lunivers-selon-une-etude/ – Page consultée le 20 novembre 2020.

à l'espèce humaine les solutions déjà élaborées par la nature (faune, flore, etc.)[202] ».

En effet, c'est à partir de l'analyse des objets observés dans la nature que nombre de découvertes ont permis à l'humanité de mieux comprendre le fonctionnement de son environnement. Réappliqué dans le cadre de la création d'artéfacts divers au niveau de notre civilisation actuelle, cette dernière s'inscrit dans une réalité presque fictionnelle : premier voyage sur la lune en 1969, ce qui avait été traduit par le roman de science-fiction de Jules Verne : *De la terre à la lune*. Dans un ouvrage, déjà cité, dédié à la relation entre science-fiction et science, dans le cadre du lien existant entre avancées scientifiques et écriture fictionnelle subsumant le champ de la génétique, il y est mentionné : « En dépit de l'énorme complexité des mécanismes génétiques, la science a accompli de nombreuses réalisations, positives en soignant des maladies, mais aussi négatives en en créant de nouvelles ainsi que des malformations » (Curir & De Felice, 2020 : 54), procédure que l'on retrouve dans un film d'horreur : *La mouche* (1986) (*ibid.* : 55).

Nombre de mises en relation entre écriture imaginative et réalisation pragmatique figurent dans cet ouvrage.

L'application de ce qui existe dans la nature, retraduit sous la forme d'artéfacts, se décline en très grand nombre. Nous allons présenter quelques exemples en spécifiant que dans ce cas de figure, c'est à partir de l'étude d'un système donné, puis de son décryptage, que lesdits objets ont été réécrits dans le paradigme humain. Dans une étude articulée autour du biomimétisme, Fournier et Fourié en donnent l'origine liée à l'observation et à l'analyse ; il en est ainsi de l'invention de la roue née de l'examen des comportements du scarabée bousier. À propos de cet insecte, ces auteurs précisent : « Les Égyptiens pensaient qu'il faisait naître le soleil chaque matin, et le faisait rouler le soir de l'autre côté de l'horizon » (2011 : 32). Dans ce cas de figure, la pensée analogique est activée et renvoie au fait de transférer une observation – ici, le scarabée bousier–, au fonctionnement de l'inconnu, soit notre étoile naine jaune, le soleil qui, à cette époque, renvoyait à nombre d'interrogations. Ce mode de pensée est à l'origine de l'inscription de cet insecte dans le paradigme des déités. Ainsi que le spécifient Fournier et Fourié : « Pour eux, le scarabée bousier était une divinité, Khetri, apparentée au soleil – une divinité respectée et célébrée pour ses nombreux talents » (*ibid.*). Et c'est à partir des avancées scientifiques que le décodage de cet astre a fait appel à la pensée analytique. Toujours à propos de cet insecte et de l'origine de la roue :

> Le scarabée bousier (*Scarabaeus laticollis*) appartient à l'ordre des coléoptères. C'est un insecte coprophage qui se nourrit des excréments qu'il trouve. Le

[202] https://www.larousse.fr/dictionnaires/francais/biomim%C3%A9tisme/10911021

bousier rassemble des excréments, de préférence d'herbivores, dont il forme une boule qu'il roule à l'aide de ses pattes arrière. Cette boule sert à sa consommation et comme présent à la femelle, qui y pond ses œufs. Le bousier se rencontre sur tous les continents et dans des habitats variés : déserts, terres cultivées, forêt et prairies[203].

Prenant leur source de l'observation du vol du condor, certains artéfacts ont permis aux avions de voler de manière plus fonctionnelle. Comme le précisent Fourier et Fourié : « Les winglets, ce sont ces ailettes verticales situées à l'extrémité des ailes des avions et qui ont pour fonction de réduire les turbulences » (2011 : 48).

Pour revenir au monde du vivant d'où le biomimétisme en est dérivé, les invariants communs à l'ensemble sont les suivants :

- Construction de l'unité du vivant à partir d'un programme biologique ;
- Filet de protection spécifique à chaque unité : peau, écorce ;
- Absorption des composés organiques ou chimiques, mais aussi énergétiques (lumière solaire) afin de maintenir la force de vie ;
- Inscription dans le rôle de proie, mais aussi dans celui de prédateur ;
- Jeu de la séduction afin de perdurer l'espèce dans le temps ;
- But de l'ensemble : exister en tant qu'unité spécifique, mais sous une forme déjà programmée.

Le mimétisme participe du mode de fonctionnement de certaines unités du vivant, procédure réutilisée dans le cadre d'artéfacts comme les moteurs optiques. Leur origine prenne leur source de l'observation de la chenille arpenteuse qui « doit son nom à son mode de locomotion qui évoque la manière dont les arpenteurs déplaçaient leur corde pour mesurer les distances » (Fourier et Fourié, 2011 : 42) ; et d'ajouter : « Dépourvue de pattes sur le milieu du corps, elle évolue en s'accrochant avec les pattes situées à l'arrière de son abdomen et en étirant son corps vers l'avant » (*ibid.*). C'est donc à partir de ce mouvement que la solution au problème des moteurs optiques a été apportée. Ainsi que le stipulent ces auteurs : « ces derniers sont constitués comme ceux des montres à quartz, de systèmes dits 'piézoélectriques' » (*ibid.*). Ainsi qu'il est mentionné dans la revue Futura Sciences[204] :

---

[203] https://www.universalis.fr/media/PH070152/ - Page consultée le 8 novembre 2020.
[204] https://www.futura-sciences.com/sciences/definitions/physique-piezoelectricite-4807/ - Page consultée le 10 novembre 2020.

Le terme **piézoélectricité** nous vient du grec « piézein » signifiant presser ou appuyer. Ainsi le terme **piézoélectricité** désigne la propriété que présentent certains corps de se polariser électriquement -- soit de générer un champ ou un potentiel électrique -- sous l'action d'une contrainte mécanique.

En ajout aux invariants communs au monde du vivant, l'échange informationnel est un paramètre qui prend sa source de bases de données mémorielles diverses dont l'émetteur et le récepteur en sont les vecteurs. Ainsi, la rencontre entre deux atomes d'oxygène et un atome d'hydrogène va générer une molécule d'eau. Cet échange d'informations dont la résultante est toujours la même s'inscrit dans le paradigme de la programmation. Il en est ainsi du règne du végétal au sein duquel nous retrouvons ce type d'échange avec réponse appropriée ; il en de même dans le cadre du monde animal. Prenons l'exemple de la seiche qui change de couleur très rapidement en fonction de son environnement. Ainsi que le mentionnent Fournier et Fourié : « [...] la seiche possède aussi des cellules leucophores, qui réfléchissent la longueur des ondes lumineuses les plus proches. Un système de camouflage-miroir » (2011 : 136). Le monde de l'armée utilise cette procédure lors des camouflages militaires. Ce phénomène s'inscrit dans le biomimétisme, champ disciplinaire correspondant à : « [une] démarche d'innovation durable qui consiste à transférer et à adapter à l'espèce humaine les solutions déjà élaborées par la nature (faune, flore, etc.)[205] ».

Prenons l'exemple de la sauterelle-feuille qui, pour se protéger de prédateurs éventuels, prend la couleur des feuilles d'arbres tombées sur le sol d'une forêt. À ce phénomène, si le danger est bien plus grand, elle ouvre ses ailes qui montrent une couleur rouge sous forme d'yeux, ce qui peut effrayer et faire fuir le prédateur. Nombre d'interrogations émanent de ce phénomène. Comment un insecte peut-il gérer la couleur de ses ailes et les adapter à son environnement en fonction du contexte ? D'autant plus que cette procédure très sophistiquée demande en amont une capacité de réflexion quant à sa création et mise en place.

La sophistication du monde du vivant est presque fictionnelle. Il en est ainsi de la spirale « issue de l'un des algorithmes que la nature utilise pour produire des structures de façon efficace et économique » (Mathieu & Lebel, 2015 : 8), de l'anguille électrique du Sud qui est aveugle et qui utilise l'électricité pour s'orienter, se défendre et chasser. Elle possède trois organes électriques dans la partie postérieure de son corps, capables d'envoyer des décharges électriques entre 100 à 700 volts, tension qui peut tuer un être humain (*ibid.* : 137).

---

[205] https://www.larousse.fr/dictionnaires/francais/biomim%C3%A9tisme/10911021

Toujours en relation avec le biomimétisme, Craig Reynolds, informaticien, s'est donc interrogé à ce sujet. « En 1986, il parvient à modéliser le déplacement des groupes d'oiseaux, c'est-à-dire qu'il traduit en termes assimilables par un ordinateur les règles qui caractérisent ces déplacements » (Fournier et Fourié, 2011 : 12). En relation avec cette procédure, « en robotique, les règles de Reynolds peuvent coordonner l'action de plusieurs engins autonomes et leur permettre de rester en formation » (*ibid.*).

3.2.2. De de réalité non perçue et de sa traduction indirecte par le biomimétisme

Ce transfert de composants existants déjà dans la nature, puis réadaptés aux besoins de l'être humain interroge sur cette procédure particulière. Si le biomimétisme prend sa source de l'observation d'un objet donné, puis de son analyse afin de le réinscrire dans le paradigme humain, certaines informations sont décodées par le biais de la procédure cognitive liée à la conscientisation, d'autres le sont de manière indirecte. Il en est ainsi du code binaire lié à l'informatique, lequel renvoie indirectement à la programmation génétique inscrite dans un code quaternaire. Ces deux codifications fonctionnent de façon similaire. En effet, la programmation de la lettre A ne peut être identique à celle de la lettre B ; il en est de même pour le code génétique d'un *Canis lupus* (loup) qui ne peut être identique à celui d'un *Felis catus* (chat domestique). Or, très étrangement, la création du code binaire n'a pas pris sa source de l'observation du code génétique et de son transfert en faisant appel au biomimétisme, comme nous pouvons le constater dans les références présentées ci-dessous.

> L'importance du système binaire pour les mathématiques et la logique a été comprise une première fois par le grand mathématicien et philosophe Leibnitz au XVIIe siècle. On trouve cependant des traces du système binaire bien avant, chez les Indiens et les Chinois.
>
> De nos jours, le système binaire est au cœur de l'informatique et de l'électronique moderne, car les ordinateurs fonctionnent fondamentalement comme des machines de Turing utilisant le système binaire. C'est Georges Boole qui a développé l'idée de calcul logique à partir du système binaire et Claude Shannon et George Stibitz qui ont posé en 1937 les bases des calculs électroniques sur les nombres binaires, ouvrant la voie à l'informatique[206].

Quant à l'origine des recherches réalisées sur l'origine du code génétique, l'encyclopédie Universalis en donne les informations suivantes :

---

[206] https://www.futura-sciences.com/tech/definitions/informatique-code-binaire-11934/ – Page consultée le 20 mai 2020.

> Au début des années 1960, l'Américain Marshall W. Nirenberg découvre que l'addition d'un acide ribonucléique messager (ARNm) constitué uniquement d'uridine (U, un des quatre nucléotides) à un extrait bactérien suffit à déclencher la synthèse d'une protéine composée uniquement de phénylalanine. Tout se passe donc comme si la suite de trois nucléotides (appelée codon) UUU codait pour la phénylalanine. Grâce à la méthode de synthèse d'ARNm composé de bases différentes, inventée par Har Gobind Khorana, il devint possible d'établir la table de correspondance entre les 64 codons potentiels (43) et les 20 acides aminés universellement répandus dans le monde vivant. C'est ce que firent les laboratoires de Marshall Nirenberg et de l'Espagnol Severo Ochoa (1905-1993), qui travaillait aux États-Unis. En 1966, le décryptage du code génétique est achevé. Alors que de nombreux chercheurs pensaient que la forme de l'ADN déterminait la nature des protéines produites par un gène, leur travail consacre l'apport de la théorie de l'information – dont provient la notion de « code » – à la biologie moléculaire. Nirenberg et Khorana seront récompensés, avec Robert Holley, par le prix Nobel de physiologie ou médecine en 1968[207].

Comme nous pouvons le noter, aucune relation n'est mise en exergue quant à l'influence de la recherche en relation avec le code binaire et celle liée au code génétique. Le code génétique est généré par la Nature alors que le code binaire s'inscrit dans la création d'artéfacts par l'être humain. Or, la mise en relation de ces deux programmations aurait pu se décliner dans le cadre du biomimétisme. Y aurait-il des informations qui, transmises de manière inconsciente, seraient à l'origine du décodage de ce type de programmation pour le premier cas de figure, et de la mise en place du code booléen dans le deuxième cas de figure, avec une configuration similaire dans leur forme, mais différente dans leur contenu ? Ce qui pourrait renvoyer à une forme de biomimétisme réalisé sans que la relation entre ce qui existe dans la Nature et sa duplication dans le monde de l'*Homo sapiens* ait été perçue de manière consciente. Cette interrogation rappelle indirectement à de nombreuses découvertes faites par hasard, particularité renvoyant au phénomène de sérendipité.

Quand nous observons l'ensemble des objets de l'univers, qu'ils soient animés, inanimés ou inscrits dans le champ de la vie, dans la microstructure d'où ils sont issus, si l'ensemble des paramètres y est similaire, ce sont leurs multiplicités combinatoires qui sont à l'origine de ce qui est observable, que ce soit à notre échelle ou à d'autres par le biais de l'utilisation d'artéfacts très sophistiqués comme le microscope électronique, par exemple. Ainsi la combinaison de tel atome avec un autre sera à l'origine de tel objet donné :

---

[207] https://www.universalis.fr/encyclopedie/decryptage-du-code-genetique/ – *Ibid.*

une molécule de méthane CH_4 est constituée d'un atome de carbone (C) et de quatre atomes d'hydrogène (H).

Une approche excentrée des objets du monde montre, qu'au niveau de la microstructure, beaucoup d'éléments sont similaires que ce soit au niveau de leur forme qu'à celui de leur contenu, mais que regroupés dans un substrat réticulaire spécifique, leur déclinaison dans la macrostructure sera unique. Il en est ainsi du code ADN qui, en fonction de la combinaison de ses quatre éléments, donnera naissance à une unité du vivant s'intégrant alors dans un groupe animal ou bien dans une variété végétale bien déterminée. Ainsi qu'il est mentionné dans l'encyclopédie Larousse[208], cette procédure fait appel à :

> [un] ensemble des mécanismes grâce auxquels l'information génétique est inscrite dans la molécule d'A.D.N. qui constitue le gène (A.R.N. dans quelques virus), puis transcrite en A.R.N. messager, et, enfin, traduite en protéines.

Et de préciser :

> Les molécules d'A.D.N. sont constituées de deux très longs brins entrelacés (structure en « double hélice »), formés chacun d'une longue séquence de substances chimiques, les bases nucléotidiques suivantes : adénine (A), cytosine (C), guanine (G), thymine (T). Ces quatre bases peuvent se combiner de multiples manières ; par exemple, pour une portion de molécule d'A.D.N. donnée : CGCATCCTAGTTGATCATGAC.
>
> Lors de la traduction, les bases sont lues trois par trois (CGC, ATC, etc.), chacun de ces triplets (ou codons) « codant » un acide aminé spécifique. Ainsi, le triplet TGC correspond à la cystine, le triplet ACG à la thréonine, etc. Cette information est transmise du noyau au cytoplasme des cellules par l'intermédiaire de l'A.R.N., réplique en négatif de l'A.D.N. sur laquelle les triplets sont successivement lus et décodés. Les acides aminés sont réunis au fur et à mesure que sont lus les triplets de bases nucléotidiques. Lorsque la traduction est terminée, on obtient une chaîne plus ou moins longue d'acides aminés formant une molécule de protéine.

Très étrangement, la base de données des molécules ADN déclinée sous la forme : CGCATCCTAGTTGATCATGAC présentée dans cette encyclopédie renvoie indirectement au langage binaire (0, 1) utilisé en informatique qui, dans son assemblage, n'aura également qu'une résultante. Ainsi un A majuscule s'écrit 01000001. L'ensemble des lettres de l'alphabet à l'origine de la retranscription du langage verbal va s'inscrire comme suit dans le codage numérique :

---

208 https://www.larousse.fr/encyclopedie/divers/code_g%C3%A9n%C3%A9tique/34856 – Page consultée le 8 mai 2020.

Tableau 49 – De l'alphabet décliné en code binaire[209]			
A 01000001	**B** 01000010	**C** 01000011	**D** 01000100
E 01000101	**F** 01000110	**G** 01000111	**H** 01001000
I 01001001	**J** 01001010	**K** 01001011	**L** 01001100
M 01001101	**N** 01001110	**O** 01001111	**P** 01010000
Q 01010001	**R** 01010010	**S** 01010011	**T** 01010100
U 01010101	**V** 01010110	**W** 01010111	**X** 01011000
Y 01011001		**Z** 01011010	

Il en est ainsi des couleurs codifiées par le World Wide Web Consortium81, une organisation internationale chargée d'élaborer les spécifications concernant le Web. Par exemple, la codification définie par la série « ff0000 » ou « FF0000 » correspond à la valeur hexadécimale de la couleur rouge. Cette dernière, écrite en langage binaire, aurait une formulation qui couvrirait une plus grande surface écrite, car elle s'écrirait en langage booléen : 0000 0000 1111 1111 0000 0000 0000 0000, d'où l'intérêt de sa transcription en langage naturel. Le code binaire est donc l'outil qui va permettre aux spécialistes en informatique de créer un grand nombre de logiciels dont la résultante exponentielle des données numériques s'inscrit dans le Big Data.

Toujours en relation avec le biomimétisme, mettre en parallèle le fonctionnement du système digital et le cerveau humain peut trouver une exemplification comme suit. Votre écran d'ordinateur ne fonctionne qu'en partie, mais si vous appuyez sur la touche « capture d'écran » (impécr Syst), l'image mémorisée représentera l'ensemble de l'écran comme lorsqu'il était

209
https://static1.squarespace.com/static/52b31083e4b01176ccb2b585/t/52cb14c3e4b08a8922a9f96d/1389040835073/asciiChart.pdf – Page consultée le 8 mai 2020.

fonctionnel. La mémoire est donc là, mais de manière latente. Vous essayez de vous souvenir de tel mot correspondant à tel objet. En vain, si à un moment T aucune activation mémorielle n'est réalisée, à T1, le mot en attente apparaîtra ; la base de données mémorielle est toujours là au même titre que la base de données informatique. C'est seulement l'activation qui ne se réalise pas.

Si nous mettons en relation l'intelligence artificielle, dont la base de données informationnelle en est le support, et le cerveau humain dont les expériences diverses vécues par le sujet rejoignent une base de données mémorielle, nous retrouvons une forme de similitude dans le fonctionnement, mais dont le support, dans le premier cas de figure, est en deux dimensions : informations transcrites sous la forme de codes informatiques, alors que dans le deuxième cas de figure, le support s'inscrit dans trois dimensions corrélées au facteur temps : informations nées de la perception de notre environnement et du vécu d'expériences diverses, l'ensemble inscrit dans le langage. Étrangeté qui semble rejoindre indirectement le biomimétisme.

3.3. Quand le biomimétisme prend sa source de la structure biologique de l'Homo sapiens

Et si le biomimétisme était un mode de décodage ? Questionnement qui renvoie indirectement au système informationnel. Chaque unité faisant partie de notre univers intègre des informations qui lui sont spécifiques. Deux objets pris séparément possèdent chacun leur propre statut, mais mis en relation, ils peuvent être à l'origine d'un troisième objet, ce qui signifie que l'information de la résultante de cette mutation est déjà inscrite dans leur structure de base, ce que nous avions noté pour les codes génétiques, notamment.

Pour revenir au transfert informationnel, il prend sa source de bases de données existantes en amont de la perception que nous en avons à notre échelle. Quant aux outils utilisés au niveau de l'échange, ce sont les organes liés à la perception qui sont activés ; ces derniers se déclinent différemment en fonction des variétés végétales et des espèces animales. Chez l'être humain, cinq organes participent à l'enregistrement des objets repérés et évènements vécus dans le cadre de notre environnement ; il s'agit du goût, de l'odorat, de l'ouïe, du toucher et de la vue. La base de données mémorielle qui en est le support sera la source d'activation lors des différentes procédures cognitives réalisées par l'*Homo sapiens*. Il en est ainsi du biomimétisme né de l'observation et de l'analyse, mais aussi de la mise en relation avec des informations existantes dans la nature et retranscrites indirectement dans la société humaine sans que le lien entre origine et transcription y soit établi.

3.3.1. De la robotique anthropomorphisée

Les images de l'*Homo sapiens* reproduites dans le champ de l'art : statues, tableaux, gravures et autres, mais aussi sous la forme d'artéfacts comme les marionnettes articulées prennent leur source de la reconnaissance de soi dans le miroir. D'après Hérodote, les Égyptiens avaient des statues mobiles représentation des dieux[210]. Réactualisé au niveau des technologies récentes comme l'intelligence artificielle, l'humain est reproduit sous la forme de robots anthropomorphisés. Le biomimétisme en est la source.

Bien que l'intelligence artificielle s'inscrive dans une forme de similarité avec celle de l'être humain, au niveau du fonctionnement, sa traduction prend des formes très diverses comme les artéfacts liés aux transports avec certaines formes d'automatisation, ceux en relation avec le paradigme du numérique comme les ordinateurs, les tablettes, etc.

L'anthropomorphisation de l'intelligence artificielle trouve sa réalisation, notamment, dans les assistants personnels virtuels comme Alexa, développé par le Lab126 d'Amazon.com. Les robots humanoïdes sont encore plus proches de l'être humain au niveau de la silhouette, de la gestuelle, des expressions du visage, lesquelles sont en relation avec les ressentis émotionnels du sujet social. Très singulièrement, certaines formes d'intelligence artificielle dont l'aspect est humanoïde sont à la base de relations amoureuses. Au Japon, ce phénomène y est prégnant. Le journal 20 Minutes mentionne à ce propos : « Plusieurs hommes, dont le Japonais Akihiko Kondo, ont épousé une intelligence artificielle. Dans son cas, il s'agissait d'une chanteuse virtuelle Hatsune Miku [211] ». Acquérir la citoyenneté renvoie à l'adhésion à un structure socioculturelle spécifique à tel pays ; le robot Sophia « est le premier robot à avoir obtenu une nationalité. En octobre 2017, l'Arabie saoudite a reconnu la citoyenneté à cet humanoïde social signé Hanson Robotic, une entreprise basée à Hong Kong[212] ».

La reconnaissance d'un robot comme congénère y est prégnante dans le cadre de certains robots humanoïdes utilisés par l'armée :

> Peter Singer, un chercheur en sciences politiques américain, a mis en évidence que des soldats sont prêts à mettre leur vie en danger pour sauver leurs robots démineurs [[213]]. Ces soldats américains avouent ressentir de la peine et de la colère lorsque leurs robots démineurs sont détruits, certains allant même

---

[210] https://www.espacefrancais.com/les-marionnettes/ – Page consultée le 17 novembre 2020.

[211] https://www.20minutes.fr/arts-stars/culture/2562655-20190819-sexe-fictions-mariage-ia-immortalite-voici-scenario-societal-30-prochaines-annees – Page consultée le 13 août 2020.

[212] *Ibid.*

[213] SINGER P.W., *Wired For War: The Robotics Revolution and Conflict in the 21st Century*, Penguin, 2009.

jusqu'à leur organiser des funérailles et leur décerner des médailles de mérite lors de cérémonies. Les soldats vouent un grand sentiment de reconnaissance à ces robots qui ont combattu à leurs côtés et maintes fois sauvé leurs vies.[214]

Pourquoi ce renvoi à la posture humaine comme signaux de reconnaissance d'artéfacts de forme humanoïde ? Dans le cadre d'une étude approfondie sur la gestuelle en relation avec la communication, Calbris et Porcher montrent ainsi qu'au niveau du regard :

- Regard vers le bas : pour pouvoir regarde 'de haut' ou toiser quelqu'un. C'est l'expression du mépris.
- Regard de loin : pour mieux voir cette fois quelque chose, pour mieux dominer non plus quelqu'un, mais la situation. C'est l'expression de la compréhension à retardement. Ah, je vois !
- Regard vers le haut : pour localiser quelque chose en haut ou mimer des mouvements vers le haut.
- Regard vers le ciel : pour prier le ciel ou le prendre à témoin d'une chose généralement négative. Si j'avais su ! (1989 : 78).

Dans le regard, la pupille[215] y est omniprésente, puisque c'est elle qui sert d'outil à notre vision, mais dans le cadre de la robotique anthropomorphisée, cet organe mis en exergue deviendra un des éléments inscrivant cet artéfact dans le champ émotionnel du sujet social. Des postures comme celle appelée « posture Akimbo[216] » : mains posées sur les hanches et qui montre une forme d'autorité ou les doigts grattant le cuir chevelu et qui renvoie à la pensée, à la réflexion font écho à nos comportements et y sont dupliqués dans le cadre de certains robots ayant la stature de l'humain.

Comme nous pouvons le constater, la communication non verbale ou synergologie[217] y est omniprésente. À cela s'ajoute le discours dérivé de la voix humaine, de la reconnaissance faciale, des réponses adéquates apportées aux questions. Ces procédures sont donc à l'origine de l'activation du champ émotionnel chez le sujet social.

---

[214] *Ibid.*

[215] La pupille est l'orifice circulaire noir situé au centre de l'iris. La pupille est le diaphragme de l'œil. Elle joue un rôle primordial pour la vision.
http://www.institut-laser-vision.paris/glossaire/pupille/ – Page consultée le 13 août 2020.

[216] https://apprendre-la-communication-non-verbale.com/mettre-mains-hanches/ – *Ibid.*

[217] http://www.synergologie.org/ – *Ibid.*

3.3.2. De la pensée analogique à l'intelligence artificielle

Si nous mettons en relation l'intelligence artificielle avec les facteurs évoqués précédemment : biomimétisme, base de données informationnelle et leur transfert, nous constatons une similarité existante entre le fonctionnement du cerveau humain et la programmation de l'intelligence artificielle. En effet, dans le premier cas de figure : le cerveau humain, la transmission des informations est réalisée lors de la mise en relation des synapses (transmetteurs) avec les neurones (communication et traitement des informations) ; dans le second cas de figure, pour l'intelligence artificielle, la transmission des données se fait par le biais de différents réseaux de neurones numériques liés à un apprentissage approfondi comme la reconnaissance vocale ou visuelle, l'ensemble construit à partir d'algorithmes. Cette duplication matricielle s'inscrit indirectement dans le biomimétisme.

En ce qui concerne la pensée analogique, les chercheurs en sciences cognitives et en psychologie Hofstadter et Sander précisent dans leur ouvrage :

> Comment les analogies ont-elles le pouvoir de nous manipuler, de tirer les ficelles ? Le terme 'manipuler' a ici un double sens. D'une part, les analogies sont souvent à l'œuvre à notre insu : elles apparaissent subrepticement et occupent le devant de la scène. L'analogie est alors manipulatrice parce qu'elle s'impose. D'autre part, l'analogie manipule aussi parce qu'elle impose : elle force la pensée à suivre certains chemins. (2013 : 317)

Dans les études précédentes, nous avions mis en relation les distances proxémiques dans le monde du vivant et les réactions qui leur sont liées dans le cadre d'un mode de programmation retraduit par des algorithmes. Très étrangement, la pensée analogique y renvoie indirectement. Ainsi que le mentionnent les chercheurs précités :

> Toute catégorie mentale est le résultat d'une longue série d'analogies qui relient des entités – des objets, des actions, des situations – séparées dans le temps et l'espace. Ces analogies dessinent un contour flou à toutes les catégories, leur conférant une souplesse cruciale pour la survie et le bien-être de la personne qui les a construites (*Ibid.* : 169).

La construction de la pensée analogique prend sa source dès la petite enfance et est en corrélation avec les niveaux de ressenti du sujet, de son vécu à travers moult expériences, ce qui amène à considérer que la pensée analogique peut différer d'un individu à un autre. Dans le tableau 50, nous allons présenter quelques exemples de sa construction entre un sujet A et un sujet B dont les vécus prennent leur source d'un environnement très différent.

Tableau 50 – De la déclinaison de la pensée analogique entre deux sujets au vécu différent

Sujet A	**Sujet B**
Association avec le vécu : *Période de guerre*	*Association avec le vécu :* *Période de paix*
Bruit d'un avion dans le ciel → bombe → risque → danger → peur → fuite	Bruit d'un avion dans le ciel → souvenir → vacances → rencontre → soleil → joie

Si la construction de la base de données mémorielle diffère d'un individu à l'autre, son activation y est similaire. En effet, lorsque nous mettons en place un projet, la première approche s'inscrira dans nombre d'interrogations liées aux différentes possibilités. Prenons l'exemple suivant : *Je désire partir au Canada dans les deux prochains mois.*

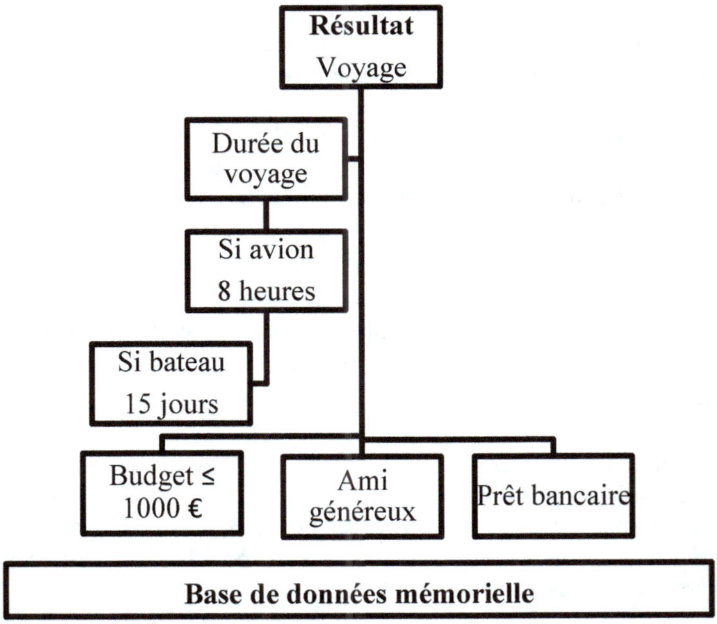

Figure 45 – Pensée analogique retranscrite sous forme d'organigramme

L'analyse de ce schéma montre que la base de données mémorielle est le support à partir duquel la résultante du projet va être articulée ; dans ce cas de figure, le budget en est le facteur déclencheur, facteur qui prendra en compte le budget de la personne, lequel ne pourra s'adapter à la résultante : le voyage que si le coût de ce dernier est égal ou inférieur à 1000 €. Dans le cas contraire, l'appel à la générosité d'un ami serait la solution de remplacement, quant au prêt bancaire, il pourrait faire partie des paramètres non acceptés.

Toujours dans le cadre de cette analyse, un deuxième facteur pourrait intervenir en relation avec le premier facteur : le budget prévu. Il s'agirait du moyen utilisé pour voyager : avion ou bateau. Le troisième facteur lié indirectement au moyen de transport est la durée du voyage. En retraduisant l'ensemble sous la forme d'un algorithme, nous pouvons noter une forme de programmation préexistante dans le cadre de la pensée analogique.

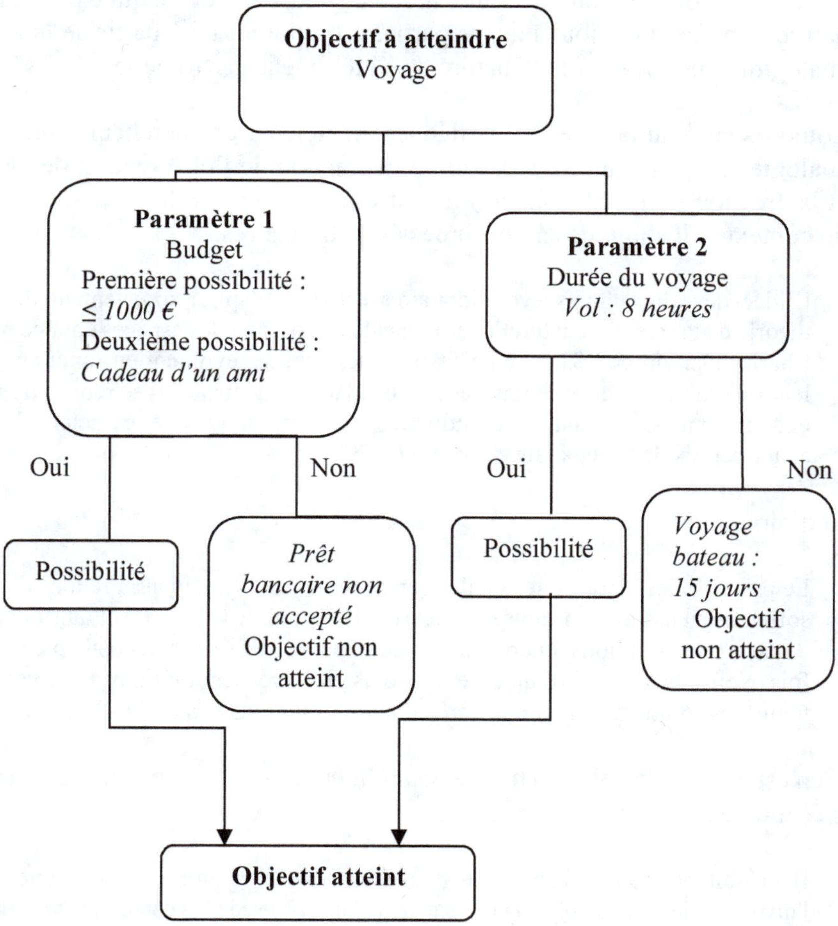

Figure 46 – Organigramme de l'algorithme inscrit dans l'arbre des possibilités

Cette petite analyse renvoie étrangement à l'intelligence artificielle. En effet, une étude particulièrement intéressante et ouverte à un grand lectorat a été mise en place par Sabouret, docteur en intelligence artificielle. Ainsi que le précise ce chercheur :

> Premièrement, est-ce que l'algorithme répond bien au problème posé ? [...] Deuxièmement, est-ce que l'algorithme atteint le résultat en un temps raisonnable ? [...] Troisièmement, est-ce que la solution donnée par l'algorithme est de 'bonne qualité' ? (2019 : 47).

Les informations liées aux possibilités inscrites dans l'algorithme présenté ci-dessus et que j'ai dénommé : *l'arbre des possibilités* en est l'illustration. Encore une fois, le biomimétisme, mode de décodage de ce qui existe dans la nature, biotope dont nous faisons partie, est retraduit ici à partir de la pensée analogique renvoyant à la structure de l'intelligence artificielle.

Toujours en relation avec l'intelligence artificielle, ce chercheur montre une analogie existante entre l'évolution du vivant né de l'observation de Darwin et la création d'algorithmes permettant l'adaptation des données en fonction du contexte ; il s'agit des algorithmes évolutionnaires.

> L'idée des algorithmes évolutionnaires est de s'inspirer directement de la théorie de la sélection naturelle, principe de l'évolution des espèces énoncé par Charles Darwin en 1838. Selon Darwin, les espèces évoluent en fonction de leur milieu. Seuls les individus les mieux adaptés survivent. Ils se reproduisent et donnent naissance à d'autres individus, transmettant ainsi les caractères leur ayant permis de (mieux) survivre (*Ibid.* : 79).

Et d'ajouter :

> Le principe des algorithmes évolutionnaires est alors le suivant. Prenons deux solutions au hasard dans notre paquet (le 'troupeau' de solutions) et fabriquons de nouvelles solutions à partir de ces deux points. Et recommençons plein de fois. Nous obtenons ainsi un ensemble plus gros avec les solutions de départ et toutes les solutions générées à partir d'autres solutions (*Ibid.* : 80-81).

Il en est ainsi de la solution trouvée par Gutenberg, à l'origine de l'imprimerie mécanique :

> Il ne fait pourtant aucun doute que c'est Gutenberg qui est à l'origine de l'invention indispensable à la naissance de l'imprimerie : les caractères mobiles

> en plomb qui, indépendants les uns des autres, pouvaient être utilisés plusieurs fois et pour des pages différentes[218].

Or, la transmission de la pensée orale *via* son expression écrite remonte à quelque 3300 ans av. J.-C., ainsi qu'il est mentionné dans un site dédié à cette étude :

> C'est dans les restes des temples des cités d'Uruk et de Lagash (le Pays de Sumer, l'actuel Irak) qu'on retrouve les premières traces d'écriture. Elles sont datées de 3300 ans av. J.-C.. Les Sumériens utilisaient des roseaux taillés en pointe (les calames) pour tracer les signes sur des tablettes d'argile[219].

Évolution et adaptabilité à de nouvelles techniques, lesquelles seront à l'origine des machines à écrire au clavier mécanique, puis électrique, pour finir par aboutir au clavier des ordinateurs et au clavier numérique.

---

[218] https://www.iletaitunehistoire.com/genres/documentaires/lire/gutenberg-ou-l-aventure-de-l-imprimerie-biblidoc_009#histoire – Page consultée le 22 novembre 2020.

[219] https://www.hominides.com/html/dossiers/ecriture-origine-naissance-premieres-ecritures.php#:~:text=C'est%20dans%20les%20restes,sur%20des%20tablettes%20d'argile. – *Ibid.*

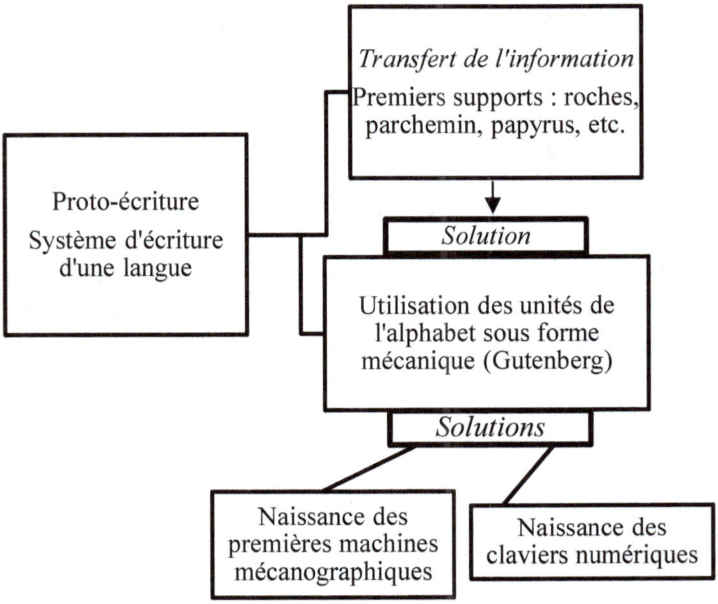

Figure 47 – De la technologie évolutive

Force est de constater qu'une similarité quelque peu singulière existe entre l'évolution des technologies dérivées de solutions trouvées, et les algorithmes évolutionnaires. Ceci nous renvoie au biomimétisme, mais dans ce cas de figure, la relation entre ce qui existe dans la nature et ce qui est reproduit de façon similaire, mais pas identique, par l'être humain ne prend pas sa source de l'observation liée à la prise de conscience. Par contre, la relation entre réalité physique et intelligence artificielle y est bien présente.

FINALEMENT, COMMENT S'INSCRIRE EN TANT QU'ÊTRE HUMAIN DANS CETTE FORME DE RÉALITÉ PROGRAMMÉE ?

Dans ces différentes réflexions ultimes renvoyant aux études développées dans le cadre de cet ouvrage, je précise qu'il ne s'agit que d'approches liées à l'interrogation sur l'étrangeté de nos origines, de notre environnement et de notre support biologique, et non d'assertions posées comme réelles et non dérogeables. Si les différents algorithmes que j'ai créés montrent une forme de programmation existant en amont de ce qui nous est perceptible, les réponses apportées ne sont que des hypothèses non vérifiées, mais qui peuvent ouvrir sur d'autres champs de réflexion.

Imaginez que vous intégriez l'univers numérique en tant que particule observatrice. Dans un premier temps, vous verriez une série de codes binaires avec, au départ, les pulsations électriques leur correspondant : négative pour 0 et positive pour 1 et, plus en amont, le langage de programmation leur correspondant (Visual Basic, Java, C+++). Dans le cadre d'une observation plus distante, ce serait des séries d'algorithmes qui apparaitraient et, avec un regard encore plus éloigné, ce serait les logiciels qui deviendraient les objets observés.

Réappliqué au niveau de notre univers, le premier degré rejoint la microstructure et ses composants (atomes, codification ADN), le deuxième degré, celui de l'activation des programmes biologiques (choix du code génétique) et, enfin, le troisième degré correspond à la réalisation biologique, soit la fécondation (tableau 51).

Tableau 51 – Entre macrostructure et informatique, une histoire de similitude	
Macrostructure ***Énergie : subsistance pour le monde animal et photosynthèse pour le monde végétal***	**Informatique** ***Énergie : électricité***
1. Composants de base de l'univers ; 2. Organigramme (code ADN) ; 3. Choix du code génétique ; 4. Codage ; 5. Réalisation du projet (fécondation).	1. Cahier des charges soit une composition de programmes, procédés et règles avec ajout de la documentation ; 2. Organigramme ; 3. Choix du langage ; 4. Codage ; 5. Mise en place du programme.

Étrangeté née du hasard ? Programmation réalisée à partir d'un système informatique sophistiqué dont les potentialités sont infinies et la réalisation limitée dans le temps et l'espace ? Peut-être qu'une vision plus excentrée de l'ensemble de notre univers (autre dimension) permettrait d'en comprendre l'aporie. Beaucoup d'interrogations sans que les réponses apportées y soient appropriées, si tant est qu'elles puissent l'être un jour…

***

En ce qui concerne l'*Homo sapiens*, force est de constater que les habitus y sont prééminents dans le cadre de la structure comportementale, ce qui renvoie au champ instinctuel corrélé à une programmation sous-jacente que nous avons traduite par des algorithmes. Bourdieu, qui fut le concepteur de l'habitus, précise que cela correspond :

> [à une] loi immanente, déposée en chaque agent par la prime éducation, qui est la condition non seulement de la concertation des pratiques, mais aussi des pratiques de concertation, puisque les redressements et les ajustements consciemment opérés par les agents eux-mêmes supposent la maîtrise d'un code commun et que les entreprises de mobilisation collective ne peuvent réussir sans un minimum de concordance entre l'habitus des agents mobilisateurs (e. g. prophète, chef de parti, etc.) et les dispositions de ceux dont ils s'efforcent d'exprimer les aspirations (2000 : 272).

Toujours en relation avec notre champ instinctuel, l'habitus, comme se soumettre à l'autre, prend sa source de nos origines animales dans le cadre de notre appartenance au groupe des primates. Ainsi que le mentionnent Calbris et Porcher :

> […] chez l'homme, elle ne diffèrerait pas de celle des animaux, l'important étant de paraître plus petit, en roulant le corps en boule et en l'abaissant par rapport à l'attaquant. Ainsi aux premiers temps de l'Antiquité, sujets, esclaves, prisonniers se prosternaient complètement […] (1989. : 110).

Qu'en est-il alors de la conscience ?

La créativité ouvre sur la transcendance qui dépasse l'humain que nous sommes. L'infini nous habite dans le plus intime de nos cellules. Nous sommes poussières d'étoiles comme le dit si joliment Hubert Reeves, astrophysicien. C'est peut-être cette poussière-là, et non celle que nous deviendrons, qui nous permet de faire âme avec la musique, l'écriture, la peinture et l'art en général.

Traduire une réalité potentielle ou ultra-réelle dans le paradigme de la matière prend sa source de la pensée analogique par le biais de la mise en relation d'un objet A similaire à un objet B par la forme, la couleur, le vécu personnel ou autres, procédure que nous retrouvons dans la construction virtuelle onirique. La prise de conscience ou l'intuition s'inscrivent également en tant que processus participant au décodage de notre environnement. Dans les systèmes cognitifs comme la pensée logique, son détenteur la dirige selon ses besoins ou ses objectifs. Intervient alors la volonté liée au décideur et non au cerveau, considéré alors comme une sorte d'ordinateur biologique. L'ensemble des interrogations posées par l'être humain, avec les réponses qui leur sont apportées, ou pas, est régi par le facteur temps.

Si le biomimétisme est une approche scientifique permettant le décodage du fonctionnement du monde du vivant à travers sa réapplication dans le cadre d'artéfacts divers : aéroplanes, transport ferroviaire, etc., retraduits également par la robotique liée à l'intelligence artificielle comme nous l'avons développé, dans le cadre de la création de certains objets, la relation entre duplication de ce qui est observé dans la nature, et la réalisation dans le paradigme de l'être humain reste, parfois, indéterminée. À quoi renvoie cette réflexion ? Au casque de réalité virtuelle. En effet, si nous entrons dans cette forme de réalité en trois dimensions, la réalité usuelle que nous vivons n'est plus vraiment activée. L'avancée des technologies à ce niveau est fabuleuse. En effet, certains casques sont munis de manettes qui permettent de saisir un objet virtuel : tasse, assiette ou autre. Ainsi qu'il est mentionné dans la revue numérique Futura Sciences[220] :

> Apparue au milieu des années 1990 et perfectionnée cette dernière décennie, la réalité virtuelle est une évolution des techniques de représentation d'un monde en trois dimensions. Mais à l'inverse d'un jeu vidéo ou d'une expérience multimédia traditionnelle, où l'utilisateur reste à distance de l'écran, la réalité virtuelle nous plonge dans l'univers en 3D, au moyen d'un casque et de capteurs de mouvements qui vont nous faire « vivre » dans cet univers.

Et de préciser :

> Loin des primitives expériences des années 1990, les solutions de réalité virtuelle modernes ont considérablement évolué. Les plus réputées, l'Oculus Rift, racheté par Facebook, ou le HTC Vive, réalisé en collaboration avec Valve (Steam), sont composées de trois éléments : un casque de réalité virtuelle à brancher sur l'entrée vidéo et les ports USB de son PC (de préférence haut de gamme), des capteurs de mouvement à placer dans la pièce pour le détecter et des contrôleurs qui vont permettre à l'utilisateur d'interagir dans l'espace avec ses mains. Le casque diffuse des images en 3D stéréoscopique *via* un écran et des lentilles qui les placent au plus près des yeux. L'impression d'être dans l'espace virtuel peut être saisissante.

Ainsi que nous l'avions constaté, le biomimétisme est à l'origine d'un mode de décodage en relation avec la duplication *via* la création d'artéfacts. Or, concernant les casques de réalité virtuelle, ces derniers ne prennent pas leur source directement d'unité participant du monde de la nature. Pourquoi cette mise en relation interroge-t-elle ? La source observée, puis dupliquée indirectement, et de manière inconsciente, ne serait-elle pas liée à notre conscience intégrée dans un habitacle biologique ?

Les avancées scientifiques dans le cadre de la biologie, dont la médecine en est un des éléments primordiaux, ont permis à l'être humain d'avoir une durée de vie plus longue, mais aussi la survie du patient dans le cas de maladies qui, il y a quelques dizaines d'années, s'avéraient mortelles. Ces nouvelles procédures médicales sont à l'origine d'expériences vécues par des patients lors d'un arrêt des fonctions cérébrales et cardiaques. Dénommé « EMI » en langue française, ce sigle correspond à l'expression : « expérience de mort imminente ».

De nombreuses études ont été réalisées dans ce domaine. Raymond Moody est le premier chercheur ayant mis en place différentes enquêtes auprès de

---

220 https://www.futura-sciences.com/tech/questions-reponses/multimedia-realite-virtuelle-realite-augmentee-difference-1962/ – Page consultée le 23 novembre 2020.

patients l'ayant vécu. D'autres chercheurs appartenant au domaine de la science médicale ont également réalisé des études sur le terrain comme Pim Van Lommel, médecin, cardiologue, Jean-Pierre Jourdan, docteur en médecine, Jean-Jacques Charbonnier, anesthésiste-réanimateur, et qui montrent qu'une autre forme d'existence intégrerait un univers différent que celui dans lequel nous sommes.

Or, très étrangement, dans le cadre de ces expériences rapportées par des témoins, leur perception de cette autre dimension leur est apparue intensément plus réelle que celle vécue en tant qu'être vivant. Expérience qui renvoie à la philosophie spéculative védique, où la Māyā est en relation avec l'illusion d'un monde physique que notre conscience considère comme la réalité.[221] Ce paradigme virtuel, retraduit par le biais d'un support biologique sophistiqué, ne renverrait-il pas, indirectement, aux casques de réalité virtuelle ?

Questionnements sans réponse, bien que la notion d'univers parallèles ou holographiques soit posée comme possible par certains chercheurs comme il a été mentionné dans une étude, présentée sur Internet, par un magazine dédié à ce champ d'études[222] :

> Face à l'essor de la réalité virtuelle et de l'intelligence artificielle dans le présent, de plus en plus de scientifiques pensent que nous pourrions créer une simulation de l'univers dans le futur. Il est donc possible que nous vivions déjà dans une simulation. C'est la théorie du simulateur.

De la conscience inscrite dans la matière à partir de la microstructure à la conscience émergeant dans un univers autre, au-delà de la macrostructure, autant d'interrogations auxquelles aucune réponse tangible et vérifiable n'a été apportée.

---

[221] https://fr.wikipedia.org/wiki/Maya_(sanskrit)

[222] https://www.realite-virtuelle.com/theorie-du-simulateur-1710/ – Page consultée le 23 novembre 2020.

GLOSSAIRE

Algorithme : Ensemble de règles opératoires dont l'application permet de résoudre un problème énoncé au moyen d'un nombre fini d'opérations. Un algorithme peut être traduit, grâce à un langage de programmation, en un programme exécutable par un ordinateur.

Aporie : Contradiction insoluble dans un raisonnement.

Arborescence : Objet dont l'apparence ressemble à une plante ou à un arbre.

Biomimétisme : Démarche d'innovation durable qui consiste à transférer et à adapter à l'espèce humaine les solutions déjà élaborées par la nature (faune, flore, etc.).

Booléen (néologisme) : Qui est relatif aux théories du logicien et mathématicien anglais George Boole.

Cladistique : La cladistique consiste en une méthode de classification des individus et des taxons en fonction de leur parenté.

Chromosome : Élément du noyau cellulaire, de forme caractéristique et en nombre constant pour une espèce donnée, et considéré comme le support des facteurs héréditaires.

Doxa : Ensemble — plus ou moins homogène — d'opinions confuses, de préjugés populaires, de présuppositions généralement admises et évaluées positivement ou négativement, sur lesquelles se fonde toute forme de communication.

Entropie : Désordre de la matière.

Fractal, **fractale** (adjectif) : Se dit d'objets mathématiques dont la création ou la forme ne trouve ses règles que dans l'irrégularité ou la fragmentation ; se dit des branches des mathématiques qui étudient de tels objets.
https://www.larousse.fr/dictionnaires/

Gamète : Cellule sexuée (mâle ou femelle), haploïde, destinée à la fécondation, dont le noyau comporte un nombre N de chromosomes égal à la moitié de celui des cellules originelles.

Hyperonyme : Terme dont le sens inclut celui d'un ou de plusieurs autres.

Hyponyme : (Mot) dont le signifié est hiérarchiquement plus spécifique que celui d'un autre.

Logigramme : Le logigramme (parfois appelé algorigramme, organigramme de programmation ou plus rarement ordinogramme) et l'algorithme sont deux types d'outils différents pour créer de nouveaux programmes, notamment en programmation informatique. Un algorithme est une analyse étape par étape du processus, tandis qu'un logigramme explique les étapes d'un programme de manière graphique.
https://www.edrawsoft.com/fr/explain-algorithm-flowchart.html

Mot-pôle : Unité lexicale de référence à partir de laquelle d'autres sont en relation de proxémie.

Néguentropie : Degré croissant d'organisation.

Néologisme : Création de mots, de tours nouveaux et introduction de ceux-ci dans une langue donnée.

Organigramme : Schéma, tableau schématique de la structure d'un groupement, d'une entreprise ou d'une administration, représentant à la fois ses divers éléments et les rapports qui existent entre eux.

Phénotype : Ensemble des caractères observables, apparents, d'un individu, d'un organisme dus aux facteurs héréditaires (génotype) et aux modifications apportées par le milieu environnant.

Proxémie, proxémique : Discipline scientifique qui étudie l'organisation signifiante de l'espace des différentes espèces animales et notamment de l'espèce humaine.

Qualia : Au sens général, un quale est une qualité sensible présentée par une chose dans un contexte d'observation déterminé
http://j.dokic.free.fr/philo/pdfs/goodman_de1.pdf —

Scalaire (adjectif) : Qui constitue une échelle des grandeurs, des degrés.

Synergologie : La synergologie est la discipline qui permet d'appréhender l'humain à partir de la structure de son langage corporel.
http://www.synergologie.org/

Tactisme : La progression dirigée de certains êtres vivants due à des réactions physico-chimiques.

Trophique (adjectif) : Relatif à la nutrition des organes, des tissus.

Les définitions d'une grande partie des unités lexicales présentées dans ce glossaire prennent leur source de https://www.cnrtl.fr/definition/

BIBLIOGRAPHIE

ADAMOU (Evangelia), « Sur la description des procédés synthématiques », *La linguistique*, 2003/1 (Vol. 39), p. 161-164. DOI : 10.3917/ling.391.0161. URL : https://www.cairn.info/revue-la-linguistique-2003-1-page-161.htm

AUSTIN (John Langshaw), *Quand dire, c'est faire*, pour l'édition originale, Oxford, Oxford University Press, 1962, pour la version française, Paris, Seuil, Collection Points, 1970.

BOURDIEU (Pierre), *Esquisse d'une théorie de la pratique*, Éditions du Seuil, Paris, 2000.

CALBRIS (Geneviève) & PORCHER (Louis), *Geste et communication*, Hatier-Crédif, Paris, 1989.

CAWTHON LANG KA, 2006, 13 avril, *Les Feuilles instructives du Primate : Chimpanzé (Pan troglodytes) Comportement.* <http://pin.primate.wisc.edu/factsheets/french/chimpanzee/behav>

CHALINE (Jean), *Quoi de neuf depuis Darwin ? La théorie de l'évolution des espèces dans tous ses états*, Paris, Ellipses, 2006.

CHALINE (Jean), *Un million de générations. Aux sources de l'humanité,* Paris, Éditions du Seuil, 2000.

CHAPAIS (Bernard), *Liens de sang – Origines biologiques de la société humaine*, Montréal, Boréal, 2015.

CHAREST (Simon), FONTAINE (Jean) & SAINT-GERMAIN (Jean), *Le petit dictionnaire des cooccurrences*, Montréal, Éditions Druide Inc., 2016.

CHEVALIER (Jean) & GHEERBRANT (Alain), *Dictionnaire des symboles*, Paris, Robert Laffont, 1969.

CODE NOIR (le) ou édit du Roy servant de règlement pour le gouvernement et l'administration de justice et la police des Iles Françoises de l'Amérique, et pour la discipline et le commerce des Nègres et Esclaves dans ledit Pays, Édit du Roi sur les esclaves, août 1685, Paris, Prault, 1747, 446 p.

COMTE-SPONVILLE (André), *L'esprit de l'athéisme – Introduction à une spiritualité sans Dieu*, Paris, Albin Michel, 2006.

CORRAZE (Jacques), *Les communications non-verbales*, Paris, PUF, Collection « Le psychologue », 1980.

COUTURE POULIN (Jean-François), *Du singe à l'homme : essai sur les fondements de la socialité humaine*, Université Laval, mémoire de maîtrise, 2008.
https://corpus.ulaval.ca/jspui/handle/20.500.11794/20191

CURIR (Anna), DE FELICE (Fernando), *De la science-fiction à la science – Le rôle de l'imaginaire dans le développement des sciences*, Paris, Éditions L'Harmattan, 2020.

DARWIN (Charles), *De l'origine des espèces*, Première publication 1859, D'après l'édition de 1896 Schleicher Frères, Éditeurs, Traduit de l'édition

anglaise définitive par Ed. Barbier, http : //www.ebooksgratuits.com/, avril 2004.
DAWKINS (Richard), *Le Gène égoïste*, Paris, Odile Jacob, 2003.
DE BUFFON (Georges-Louis Leclerc), *Œuvres complètes de Buffon. Tome cinquième*, Paris, P. Duménil Éditeur, 1835.
DE LAMARCK (Jean-Baptiste Pierre Antoine de Monet, chevalier de Lamarck), *Philosophie zoologique, ou Exposition des considérations relatives à l'histoire naturelle des animaux*, Paris, Libraire F. Savy, 1873.
DE ROBERTIS (Eduardo D.P.) & E.M.F. DE ROBERTIS, *Biologie cellulaire et moléculaire*, Presses de l'Université Laval, 1983.
DESSALLES (Jean-Louis), *Aux origines du langage : une histoire naturelle de la parole*, Hermès Science Publications, Paris, 2000.
DE WAAL (Frans), *L'âge de l'empathie*, Babel/Pluriel, Paris, 2011.
DE WALL (Frans), *Le singe en nous*, Paris, Fayard, 2006.
DIAMOND (Jared), *Le troisième singe — Essai sur l'évolution et l'avenir de l'animal humain*, Paris, Gallimard, 1992.
DOKIC (Jérôme) & Paul ÉGRÉ, « L'identité des qualia et le critère de Goodman », 2009.
http://paulegre.free.fr/Papers/goodman_de1.pdf
DORTIER, Jean-François, « Du calamar à Einstein… L'évolution de l'intelligence » dans Jean-François DORTIER (dir.), *Le cerveau et la pensée. La révolution des sciences cognitives*, Paris, Éditions Sciences humaines, 1998.
DUMAS (Yann). « Que savons-nous de la Fougère aigle ? », *Revue forestière française* — RFF, numéro 4 - AgroParisTech, Nancy, France, 2002.
https://doi.org/10.4267/2042/4927
DUPUIS (Hector), *Dictionnaire des synonymes et des antonymes*, Montréal, FIDES, 1961.
DURKHEIM (Émile), *De la division du travail social. Livre I.* Une édition électronique réalisée à partir du livre d'Émile Durkheim (1893), De la division du travail social. Paris : Les Presses universitaires de France, 1967, huitième édition. Collection : Bibliothèque de philosophie contemporaine.
ECO (Umberto), *Kant et l'ornithorynque*, Paris, Grasset, 1997.
FABRE (Jean-Henri), *Souvenirs entomologiques*, Paris, Éditions du groupe « Ebooks libres et gratuits », Livre I, 1879, 291 p. Livre VII, 1900.
FACON (Benoît), MAILLERET (Ludovic), RENAULT (David) & (Lionel) ROQUES, Revue d'Écologie (*Terre et Vie*), Vol. 70 (suppt 12 « Espèces invasives »), 2015.
FOURNIER (Mat), FOURIÉ (Yannick), *Quand la nature inspire la science – Histoire des inventions humaines qui imitent les plantes et les animaux*, Toulouse, Éditions Plume de carotte, 2011.
GAFFIOT (Felix), *Dictionnaire latin-français*, Paris, HACHETTE, 2008.
GAUVIN (Anne-Sophie), *Organisation d'une meute de loups (canis lupus lupus) captifs au parc alpha : impact d'un changement de couple*

reproducteur, thèse pour le Doctorat vétérinaire, École nationale vétérinaire d'Alfort, 2013. Consultable sur le site : http://theses.vet-alfort.fr/telecharger.php?id=1642
GODELIER (Maurice), « En guise de conclusion : Tribus, ethnies et États », In : *La constante « Tribu » : Variations arabo-musulmanes* [en ligne]. Paris : Demopolis, 2013 (généré le 10 avril 2019). Disponible sur Internet : <http://books.openedition.org/demopolis/249>. ISBN : 9782354571061. DOI : 10.4000/books.demopolis.249.
GOURDON (Vincent), Article encyclopédique consultable sur le site : https://www.universalis.fr/encyclopedie/merovingiens-reperes-chronologiques/
GOURIER (Christine), Article relatif à ses recherches et consultable sur le site : https://www.sciencesetavenir.fr/sante/le-voyage-fantastique-du-spermatozoide_114350
Guide des produits organiques utilisables en Languedoc-Roussillon – Tome 1, 2011.
https://occitanie.chambre-agriculture.fr/?id=2864179&tx_news_pi1%5Bnews%5D=21399&tx_news_pi1%5Bcontroller%5D=News&tx_news_pi1%5Baction%5D=detail&cHash=472ea9dc5214673abc341548c1dbc502
GUIRAND (Félix) & SCHMIDT(Joël), *Mythes mythologie, histoire et dictionnaire*, Paris, Larousse, 1996.
HALL T. (Edward), *La dimension cachée*, Paris, Seuil, 1971.
HEDIGER (Heini), *Wild Animals in Captivity*, Dover PUBNS, USA, 1950.
HÉRITIER (Françoise), *Masculin, Féminin. La pensée de la différence*, Paris, Odile Jacob, 2012.
HOFSTADTER (Douglas) & SANDER (Emmanuel), *L'analogie – Cœur de la pensée*, Paris, Odile Jacob, 2013.
HOURMANT (François), « La Longue Marche de la veste Mao. Révolution des apparences et apparences de la Révolution », *Vingtième Siècle. Revue d'histoire*, 2014/1 (N° 121), p. 113-131. DOI : 10.3917/ving.121.0113. URL : https://www.cairn.info/revue-vingtieme-siecle-revue-d-histoire-2014-1-page-113.htm
KHROUCHTCHEV (Nikita), *Souvenirs*, Paris, Robert Laffont, 1971.
KREUTZER (Michel) & AUGUSTINS (Georges), « Les appariements chez l'animal et l'humain. Satisfactions individuelles et comportements sociaux », *Ethnologie française*, 2012/3 (Vol. 42), p. 577-589. DOI : 10.3917/ethn.123.0577. URL : https://www.cairn.info/revue-ethnologie-francaise-2012-3-page-577.htm
LÉVI-STRAUSS (Claude), *La pensée sauvage*, Paris, Plon, 1962.
LÉVI-STRAUSS (Claude), *Tristes tropiques*, Paris, Plon, 1955.
LOCARD (Henri), *Le « petit livre rouge » de Pol pot ou les paroles de l'Angkar (khmers rouges du 17-4-1975 au 7-1-1979)*, Paris, L'Harmattan, 1996.

LOISEAU (Sylvain), GREA (Philippe) & MAGUE (Jean-Philippe), « Dictionnaires, théorie des graphes et structures lexicales », *Revue de Sémantique et Pragmatique*, Juin 2010, Numéro 27, pp. 51-78.
LUMINET (Jean-Pierre), *Les Poètes et l'Univers*, Paris, Le Cherche-Midi, 2012.
MACÉ (Arnaud) & THERME (Anne-Laure), « II. Anaxagore et Homère : trier les moutons, trier les hommes, trier l'univers », dans : Marie-Laurence Desclos éd., *La sagesse présocratique. Communication des savoirs en Grèce archaïque : des lieux et des hommes.* Paris, Armand Colin, « Recherches », 2013, p. 235-262. DOI : 10.3917/arco.descl.2013.01.0235. URL : https://www.cairn.info/la-sagesse-presocratique--9782200277376-page-235.htm
MACHIAVEL (Nicolas), *Le Prince*, Paris, Folio Classique, 2007.
MARTIN (Marcienne), *Marelle lunaire*, Paris, L'Harmattan, 2018.
MARTIN (Marcienne), *Étude du paria — Brebis galeuse ou enfant prodige ?*, Paris, L'Harmattan, 2015.
MARTIN (Marcienne), « L'âge ou le temps apprivoisé de la programmation cosmologique », Seachange, Age, 2013, pp. 11-23.
MARTIN (Marcienne), "The Concept of Reality Analyzed in Terms of Civil and Digital Communities", *Otazky Zurnalistiky*, Issue no.3-4 / 2012, 3-17, Publisher : Združenie Mass Media Science; Slovaquie.
MARTIN (Marcienne), *Des humains quasi objets et des objets quasi humains*, Paris, Éditions L'Harmattan, 2009.
MARTIN (Marcienne), *Les constructions identitaires du sujet à travers la mise en place de pseudonymes et l'émergence d'un nouveau code langagier via l'outil Internet*, Thèse, Université de l'île de la Réunion [France], 2005.
MASSERON (Caroline), « Propositions de travail pédagogique sur les antonymes », *In* : *Pratiques : linguistique, littérature, didactique*, n°43, 1984, *Le sens des mots*, pp. 6-29 ;
doi : https://doi.org/10.3406/prati.1984.1317
https://www.persee.fr/doc/prati_0338-2389_1984_num_43_1_1317
MATHIEU (Andrée) & LEBEL (Moana), *L'art d'imiter la nature – Le biomimétisme*, Montréal, Éditions MultiMondes, 2015.
MEAD (Margaret), *Moeurs et sexualité en Océanie*, Paris, Plon, Collection Terre Humaine, 1re édition 1928, pour la présente édition, 1963.
MITROPOLITSKI (Siméon) (2011). « Comprendre la diversité des régimes politiques au sein des pays postcommunistes ». *Politique et Sociétés*, 30 (3), 123–148.
https://doi.org/10.7202/1009185ar
NOTHIAS (Jean-Luc), « Pourquoi change-t-on de corps tous les quinze ans ? », mai 2008.
http://sciences-technologies.lefigaro.fr/cellule-duree-de-vie.html
OREHEK (Jean), *Les gènes et les sentiments – La révolte du cerveau*, Paris, Éditions Balland, 2004.

ORWELL (George), *1984*, Paris, Gallimard, 1949.
PASCAL (Blaise), *Pensées sur la religion et sur quelques autres sujets : Transition de la connaissance de l'homme à Dieu*, Genève, Club des libraires de France, tome I, [s.d], 1670.
PELT (Jean-Marie), *Les dons précieux de la nature*, Paris, Fayard, 2010.
PELT (Jean-Marie), *Les langages secrets de la nature*, Paris, Fayard, 1996.
PETIT (Jean-Pierre), *Le versant obscur de l'univers — Les avancées et les perspectives de l'astrophysique et de la cosmologie contemporaines*, Paris : http://www.savoir-sans-frontieres.com, 1999.
PICHOT (André), « Inné et acquis », *Encyclopædia Universalis* [en ligne] http://www.universalis.fr/encyclopedie/inne-et-acquis/
PICQ (Pascal), *Qui va prendre le pouvoir ? Les grands singes, les hommes politiques ou les robots*, Paris, Odile Jacob, 2017.
POE (Edgar Allan), « Eurêka », *Extrait de Contes, Essais, Poèmes*, Paris, Robert Laffont, (1848), 1989.
POINCARÉ (Henri), *La valeur de la science*, Paris, Flammarion, 1905.
PRIGOGINE (Ilya), *La fin des certitudes*, Paris, Odile Jacob, 1998.
REEVES (Hubert), *Poussières d'étoiles*, Paris, Éditions du Seuil, 2016.
REY (Alain) dir., *Dictionnaire historique de la langue française*, Paris, Le Robert, 2006.
REY (Alain) (éd.), *Dictionnaire culturel en langue française*, Paris, Dictionnaires Le Robert, 4 Volumes. Vol. 1: XXXIII + 2355 pages, Vol. 2: 2396 pages, Vol. 3: 2392 pages, Vol. 4: 2083 + CCCLVI pages (annexes), 2005.
ROUSSEAU (Jean-Jacques), *Du contrat social, ou principes du droit politique*, in Collection complète des œuvres, Genève, 1780-1789, vol. 1, in-4° édition en ligne www.rousseauonline.ch, version du 7 octobre 2012.
ROUSSEAU (Jean-Jacques), *Du contrat social*, Marc Michel Rey, LIVRE III, 1762, pp. 199-201.
https://fr.wikisource.org/wiki/Du_contrat_social/%C3%89dition_1762/Livre_III/Chapitre_11.
SABOURET (Nicolas), *Comprendre l'intelligence artificielle*, Paris, Éditions Ellipses, 2019.
SAPOVAL (Bernard), *Universalités et fractales*, Paris, Flammarion, 1997.
SCHMIDT (Joël), *Dictionnaire de la mythologie grecque et romaine*, Paris, Larousse, 2017.
SCHUTZENBERGER ANCELIN (Anne), *La Langue secrète du corps*, Paris, Payot, 2015.
SCHWARTZ (Jean), *La Fureur de se distinguer — Réflexions sur la vieillesse et l'âgisme, l'utopie et le racisme*, Paris, L'Harmattan, 2006.
SERVAIS (Véronique), « Les chimpanzés : un modèle animal de la relation clientélaire », *Terrain*, n° 21, pp. 67-80 — *Liens de pouvoir* (octobre 1993), mis en ligne le 15 juin 2007. URL : http://terrain.revues.org/3073.
SHORT (Philip), *Polpot, Anatomie d'un cauchemar*, Paris, Denoël, 2007.

SINGER W. (Peter), *Wired For War: The Robotics Revolution and Conflict in the 21st Century*, Penguin, 2009.
TESTAS Guy & TESTAS Jean, « Les origines de l'Inquisition », dans : Guy Testas éd., *L'Inquisition*. Paris cedex 14, Presses Universitaires de France, « Que sais-je ? », 2001, p. 7-17. URL : https://www.cairn.info/l-inquisition--9782130510772-page-7.htm
TOURNIER (Michel), *Vendredi ou les limbes du Pacifique*, Paris, Gallimard, 1967.
TOUWAIDE (Alain), « Aristote et les quatre qualités », *In : Revue d'histoire de la pharmacie*, 81e année, n°296, 1993. pp. 107-108 – Ibid.
http://www.persee.fr/doc/pharm_0035-2349_1993_num_81_296_3702_t1_0107_0000_2
VIREY (Julien-Joseph), *De la femme, sous ses rapports physiologique, moral et littéraire*, Paris, Crochard, 1825.
VYGOTSKY (Lev Semenovich), *Thought and language*, Cambridge, MA, MIT Press and Wiley, 1962.
WALLON (Henri), *Les Origines du Caractère chez l'enfant*, Paris, P.U.F., 1949
YARUS (Michael), *Life from an RNA World The Ancestor Within*, Cambridge, Harvard University Press, 2011.

Sitographie

http://artfl.atilf.fr/dictionnaires/ACADEMIE/SIXIEME/sixieme.fr.html
http://atilf.fr/tlf.htm
http://bdl.oqlf.gouv.qc.ca/
http://crisco.unicaen.fr/
http://fr.wikipedia.org/
http://gdt.oqlf.gouv.qc.ca/
http://genet.univ-tours.fr/angers/chap2-2.htm
http://heritage.csdecou.qc.ca/larochef/democrite-et-dalton/
http://lecerveau.mcgill.ca/
http://remacle.org/
http://sport24.lefigaro.fr/le-scan-sport/le-saviez-vous/2016/08/21/27006-20160821ARTFIG00022-pourquoi-la-distance-du-marathon-est-elle-de-42195-km.php
http://theses.vet-alfort.fr/telecharger.php?id=1642
http://vincent.mabillot.net/glossaire/proxemie#Une_origine_ethologique_la_proxemie_dans_le_monde_animal
http://www.cemhti.cnrs-orleans.fr/
http://www.cnrtl.fr/
http://www.encyclopollens.fr/
http://www.formules-physique.com/categorie/24/4

http://www.futura-sciences.com/
http://www.genomequebec.com/glossaire.html#c
http://www.institut-laser-vision.paris/glossaire/pupille/
http://www.ipubli.inserm.fr/
http://www.irisa.fr/prive/kadi/Cours_LR2V/Divers_Cours/cours-probabilit%E9.pdf
http://www.larousse.fr/dictionnaires/francais/novlangue/55145
http://www.lefigaro.fr/international/2018/04/15/01003-20180415ARTFIG00004-cambodge-il-y-a-vingt-ans-la-mort-du-despote-sanguinaire-pol-pot.php
http://www.lefigaro.fr/sciences/2008/11/07/01008-20081107ARTFIG00010-l-imagination-et-l-intuition-deux-qualites-indispensables-a-la-science-.php
http://www.linternaute.com/expression/langue-francaise/14041/etre-sur-la-meme-longueur-d-onde/
http://www.meteofrance.fr/
http://www.occitanie.chambre-agriculture.fr/fileadmin/user_upload/National/FAL_commun/publications/Occitanie/GuidePO_Tome1_chapitre_2.pdf
http://www.seachangejournal.ca/
http://www.synergologie.org/
http://www.universalis.fr/
https://apprendre-la-communication-non-verbale.com/mettre-mains-hanches/
https://chine.in/guide/grand-timonier_4234.html
https://commons.wikimedia.org/wiki/Main_Page
https://corpus.ulaval.ca/jspui/handle/20.500.11794/20191
https://dictionnaire.reverso.net/francais-synonymes/
https://diro.umontreal.ca/accueil/
https://diro.umontreal.ca/repertoire-departement/charges-de-cours/charge-de-cours/in/in20533/sg/Van%20Nguyen%20Le/
https://donnees.banquemondiale.org/indicateur/sp.pop.totl
https://enseignement-latin.hypotheses.org/8119
https://europa.eu/european-union/sites/europaeu/files/eu_in_slides_fr.pdf
https://fr.sputniknews.com/amp/sci_tech/202011171044787204-la-structure-de-notre-cerveau-est-proche-de-celle-de-lunivers-selon-une-etude/
https://fr.wikipedia.org/wiki/
https://gallica.bnf.fr/ark:/12148/bpt6k50407h.texteImage
https://ifac.univ-nantes.fr/IMG/pdf/Explication_1_-_Pascal_Pensees_fragment_des_deux_infinis.pdf
https://lejournal.cnrs.fr/articles/les-enigmes-de-lantimatiere
https://perso.limsi.fr/pointal/_media/python:cours:poly_cours_info-algo_sp1-1617-revu.pdf
https://sites.google.com/site/
https://static1.squarespace.com/static/52b31083e4b01176ccb2b585/t/52cb14c3e4b08a8922a9f96d/1389040835073/asciiChart.pdf

https://www.20minutes.fr/
https://www.alloprof.qc.ca/fr/eleves/bv/sciences/le-champ-magnetique-autour-des-aimants-s1176
https://www.astronomes.com/
https://www.aufeminin.com/
https://www.bfmtv.com/
https://www.cairn.info/
https://www.cntrl.fr/
https://www.diabete.qc.ca/fr/vivre-avec-le-diabete/alimentation/alimentation-et-nutriments/la-composition-des-aliments
https://www.economiecirculaire.org/economie-circulaire/h/du-concept-a-la-pratique.html#
https://www.editions-retz.com/
https://www.edumedia-sciences.com/fr/media/133-3-etats-de-leau
https://www.espacefrancais.com/les-marionnettes/
https://www.futura-sciences.com/
https://www.gnis-pedagogie.org/biotechnologie-biologie-adn-information-genetique.html
https://www.herodote.net/20_avril_1233-evenement-12330420.php
https://www.hominides.com/html/dossiers/ecriture-origine-naissance-premieres-ecritures.php#:~:text=C'est%20dans%20les%20restes,sur%20des%20tablettes%20d'argile.
https://www.iletaitunehistoire.com/genres/documentaires/lire/gutenberg-ou-l-aventure-de-l-imprimerie-bibliddoc_009#histoire
https://www.journaldemontreal.com/2014/05/09/usa-les-lois-les-plus-folles
https://www.larousse.fr/
https://www.larousse.fr/encyclopedie/
https://www.lesbonsnumeros.com/loto/informations/probabilites.htm
https://www.littre.org/
https://www.ministeresnpq.org/2011/01/21/la-nature-a-horreur-du-vide/
https://www.ouest-france.fr/leditiondusoir/data/5333/reader/reader.html#!preferred/1/package/5333/pub/7352/page/5
https://www.ouranos.ca/
https://www.psychologie-sociale.com/index.php/fr/dossiers-de-lecture/30-la-proxemie
https://www.realite-virtuelle.com/theorie-du-simulateur-1710/
https://www.quebecscience.qc.ca/14-17-ans/encyclo/une-metamorphose-de-eau/
https://www.rts.ch/decouverte/sante-et-medecine/corps-humain/8985366-quelle-est-la-difference-entre-une-cellule-une-bacterie-et-un-virus-.html
https://www.sciencesetavenir.fr/
https://www.universalis.fr/

Table des illustrations

STRUCTURES ÉDITORIALES DU GROUPE L'HARMATTAN

L'HARMATTAN ITALIE
Via degli Artisti, 15
10124 Torino
harmattan.italia@gmail.com

L'HARMATTAN HONGRIE
Kossuth l. u. 14-16.
1053 Budapest
harmattan@harmattan.hu

L'HARMATTAN SÉNÉGAL
10 VDN en face Mermoz
BP 45034 Dakar-Fann
senharmattan@gmail.com

L'HARMATTAN CAMEROUN
TSINGA/FECAFOOT
BP 11486 Yaoundé
inkoukam@gmail.com

L'HARMATTAN BURKINA FASO
Achille Somé – tengnule@hotmail.fr

L'HARMATTAN GUINÉE
Almamya, rue KA 028 OKB Agency
BP 3470 Conakry
harmattanguinee@yahoo.fr

L'HARMATTAN RDC
185, avenue Nyangwe
Commune de Lingwala – Kinshasa
matangilamusadila@yahoo.fr

L'HARMATTAN CONGO
67, boulevard Denis-Sassou-N'Guesso
BP 2874 Brazzaville
harmattan.congo@yahoo.fr

L'HARMATTAN MALI
ACI 2000 - Immeuble Mgr Jean Marie Cisse
Bureau 10
BP 145 Bamako-Mali
mali@harmattan.fr

L'HARMATTAN TOGO
Djidjole – Lomé
Maison Amela
face EPP BATOME
ddamela@aol.com

L'HARMATTAN CÔTE D'IVOIRE
Résidence Karl – Cité des Arts
Abidjan-Cocody
03 BP 1588 Abidjan
espace_harmattan.ci@hotmail.fr

NOS LIBRAIRIES EN FRANCE

LIBRAIRIE INTERNATIONALE
16, rue des Écoles
75005 Paris
librairie.internationale@harmattan.fr
01 40 46 79 11
www.librairieharmattan.com

LIBRAIRIE DES SAVOIRS
21, rue des Écoles
75005 Paris
librairie.sh@harmattan.fr
01 46 34 13 71
www.librairieharmattansh.com

LIBRAIRIE LE LUCERNAIRE
53, rue Notre-Dame-des-Champs
75006 Paris
librairie@lucernaire.fr
01 42 22 67 13

www.ingramcontent.com/pod-product-compliance
Lightning Source LLC
LaVergne TN
LVHW010932061026
849535LV00007B/2367